民用航空专利导航

机场智慧道面材料

刘佩佩　于　磊　刘国光／著

知识产权出版社
全国百佳图书出版单位
—北京—

图书在版编目（CIP）数据

民用航空专利导航：机场智慧道面材料/刘佩佩，于磊，刘国光著．—北京：知识产权出版社，2025.6．—ISBN 978 – 7 – 5130 – 9799 – 4

Ⅰ．G306.72；V351.11

中国国家版本馆 CIP 数据核字第 2025PA8035 号

内容提要

本书围绕机场道面修复与道面防水两大核心领域，对机场智慧道面材料的技术发展现状、专利布局特征以及未来发展趋势进行系统性专利分析与技术梳理，以期为道面材料技术发展提供参考。本书是了解该行业技术发展现状并预测未来走向、帮助企业做好专利预警的必备工具书。

责任编辑：卢海鹰　房　曦		责任校对：潘凤越	
封面设计：杨杨工作室·张　冀		责任印制：孙婷婷	

民用航空专利导航：机场智慧道面材料

刘佩佩　于　磊　刘国光　著

出版发行：	知识产权出版社 有限责任公司	网　　址：	http：//www.ipph.cn
社　　址：	北京市海淀区气象路 50 号院	邮　　编：	100081
责编电话：	010 – 82000860 转 8335	责编邮箱：	fangxi202210@126.com
发行电话：	010 – 82000860 转 8101/8102	发行传真：	010 – 82000893/82005070/82000270
印　　刷：	北京建宏印刷有限公司	经　　销：	新华书店、各大网上书店及相关专业书店
开　　本：	787mm×1092mm　1/16	印　　张：	7.25
版　　次：	2025 年 6 月第 1 版	印　　次：	2025 年 6 月第 1 次印刷
字　　数：	150 千字	定　　价：	68.00 元

ISBN 978 – 7 – 5130 – 9799 – 4

目　录

第1章 产业现状分析

1.1 产业现状

经济的迅速发展和人流物流激增，促使我国机场事业取得长足发展。机场的新建与扩建进一步提升航空业服务水平。根据《2024年民航行业发展统计公报》数据显示，截至2024年底，我国境内运输机场达263个，比上年底净增4个；全国在册管理的通用机场数量达到475个，比上年底净增26个。机场道面直接供飞机起降、滑行与停放使用，是机场基础设施中重要的组成部分，其使用状况直接影响机场的正常运营与飞机起降滑行的安全性。目前，世界各国的机场道面结构形式主要有两种：刚性水泥混凝土道面和柔性沥青混凝土道面，其中沥青混凝土道面由于其无接缝、平整性好以及施工机械化程度高、建设效率高等优势，在欧美国家占比达到60%以上。我国是水泥生产第一大国，在石油上则是进口大国。与高品质沥青相比，我国水泥成本优势明显，水泥混凝土道面作为机场道面的主要结构形式，占比达到90%以上。

机场道面在服役过程中长期反复经受机轮荷载和自然环境等多个因素的作用，加之在新建与后期运营阶段的施工与养护不当、飞机起降架次的增多、新型大型飞机的使用、雨水渗透、环境冻融等原因，机场道面的使用性能不断下降，常常出现各种早期病害，造成机场道面的粗糙和不平整，严重威胁机场的安全运营。对机场道面进行预防性防水施工以抵抗道面开裂，以及对破损道面进行快速修复，近年来逐渐成为机场道面工程研究中的重点、难点和热点问题。

机场道面材料是机场道面建设的重要组成部分，也是机场道面维修与维护的基础。机场道面的防水抗渗处理、道面破坏后的快速修复实现通航，影响机场的正常运转，事关机场智慧建设。经课题组讨论，本报告将机场智慧道面材料分为机场智慧道面修复材料和机场智慧道面防水材料，并对该两项技术分支进行分类细化研究。

1.1.1 机场智慧道面修复材料

随着对机场道面破坏形成机理认识的不断加深，修复工艺也随之不断改进。按修复机理来分，机场智慧道面修复材料主要分为自修复材料和人工修复材料。

其中，自修复材料主要包括微胶囊自修复材料、微生物自修复材料、形状记忆材料；人工修复材料主要包括化学修复材料、水泥基修复材料和沥青基修复材料。

1.1.1.1 自修复材料

路面出现裂缝后被动地对裂缝进行修补，不仅需要大量的人力物力，还会造成一定程度上的资源浪费和环境污染，影响交通通行。为避免以上问题，近年来国内外学者逐渐尝试将自修复技术应用于路面的建设中。通过自修复技术，路面在出现微裂缝初期就可以进行智能自修复，有效防止裂缝进一步延伸形成龟裂网。相较于其他路面养护方式，该方式不仅节省材料和人工，也避免了因路面维修导致的环境污染、交通中断等问题，性价比极高，对实现路面智能自修复、长寿命永久高速公路路面意义重大。

利用自修复特性来对混凝土路面进行预防性养护是一种有效延长路面服役寿命的方法。为提高路面自修复能力，目前通常采用的自修复材料包括微胶囊自修复材料、微生物自修复材料和形状记忆材料。

1）微胶囊自修复材料

在路面混凝土中添加包覆修复剂的微胶囊可以有效促进沥青混凝土路面微裂缝的自修复。当路面混凝土中产生微裂缝时，微胶囊在裂缝所产生的尖端应力作用下会破裂并释放修复剂，修复剂在毛细作用下充满裂缝并向路面混凝土中扩散，恢复性能，促进微裂缝进行自修复。芯材的选择应考虑微胶囊的具体生产要求、应用目的和使用效果。壁材的选择应考虑与微胶囊实际应用可行性相关的因素，例如渗透性、稳定性以及与基体材料的相容性等。

现有文献较少报道关于微胶囊自修复混凝土的具体应用情况。仅有的案例包括：采用硅酸钠作为自修复剂应用于面板裂缝修复；脲醛树脂/环氧树脂微胶囊应用于深圳浅海地区某隧道工程。在实验室和工程应用现场对自修复混凝土基本性能和修复性能的研究表明，微胶囊自修复混凝土能较好地修复裂缝，提高混凝土的耐久性，尤其是在沿海土木工程中。

2）微生物自修复材料

微生物诱导碳酸钙沉淀（microbially induced calcium carbonate precipitation，MICP）技术近些年是国外土木工程领域的研究热点，具有生产能耗低、环保等优势，逐渐引起国内学者的注意。混凝土裂缝微生物修复技术基于 MICP 技术原理，利用微生物沉积出碳酸钙以实现填充修复裂缝的目的。相比于其他修复方式，其修复过程不会对环境造成伤害，具有较大的应用潜力。

目前，关于微生物自修复混凝土的具体应用少有报道。在中国南水北调东线工程——芒稻河船闸扩容工程中，对微生物自修复混凝土进行了示范应用研究，在混凝土制备过程中加入负载后的微生物修复剂，浇筑一段 3 米长的混凝土运河衬砌，浇筑 5 个月后，在微生物自修复混凝土结构上仍未观察到裂缝的产生；还有工程采用微生物菌液灌浆方法来修补停车场裂缝等。与未灌浆的情况相比，经过微生物菌液灌浆循环处理 7 次后，混凝土的渗透性和抗冻融性都有很大提高。

3）形状记忆材料

在混凝土中植入智能材料，可以自动感知服役混凝土的材料变化，使得在混凝土发生损伤时能够自动识别，对混凝土的结构安全实时监测并做出适应性反应以及时进行修复，延长混凝土结构的使用寿命。目前在土木工程领域使用较多的智能修复材料为形状记忆合金（shape memory alloys，SMA）。

目前，SMA 作为智能修复材料在土木工程领域应用较多。例如，利用 SMA 电阻对变形敏感以及其在升温过程中所产生的形状记忆效应可以实现对混凝土裂缝的监测与修复；将 SMA 材料的超弹性效应和修补胶的黏结特性相结合，制作自修复混凝土梁；将 SMA 材料与微胶囊相结合共同应用于混凝土材料的裂缝修复中。SMA 在混凝土构件与结构方面的应用确实有较好的发展前景，且在混凝土的裂缝监测与修复方面确实能起到有效的作用。从事此方面的研究既有利于对混凝土结构安全性的研究，也有利于对新型智能材料力学性能的讨论，具有非常重要的意义。

1.1.1.2 人工修复材料

根据胶结料品种来分，人工修复材料包括化学修复材料、水泥基修复材料和沥青基修复材料。

水泥基修复材料在基体相容性、经济性、资源丰富以及耐久性方面具有独特的先天优势，也是最早应用于裂缝灌浆修复的材料。普通硅酸盐水泥是混凝土路面施工的重要组成部分，但其强度小、可注性差、固化速度慢、养护周期长，不利于快速修复。现在常用的方法是添加一定量的早强剂、速凝早强剂、塑化剂、悬浮剂等外加剂，可以有效改善上述缺陷。国外所用水泥品种主要包括日本的"一日水泥"、英国的"swiftcrete"水泥、德国的"draifach"水泥及意大利的"supercement"水泥等。我国利用特种水泥对道面修复由来已久，采用的主要品种包括快硬硅酸盐水泥、高铝水泥、磷酸盐水泥、地聚物等。超细水泥的问世扩大了无机修复材料的应用范围，特别是在修复裂缝的过程中相比于其他修复材料有其独特的优势，是一类有发展前途的裂缝修复用密封材料。水泥基修复材料具有相容性及耐久性良好、施工方便、价格低廉、材料来源丰富、浆液配制方便、操作简单等优点，但也存在黏结力不足、韧性差等缺点。聚合物改性水泥基修复材料结合了无机材料与有机材料的优势，具有流动性好、用水量低、力学性能优良、与旧路面黏结力高、韧性好、收缩率低等特点，目前主要应用于道路桥面、机场跑道的道面浇筑与修复工程中。该技术在国外开发应用较早，美国、日本、俄罗斯相关技术处于领先地位。例如美国生产了 RMO（Repair Mortar Overlay）神鹰牌裂缝修补永凝液。国内创新主体也研制出诸多产品并进行了工程使用，例如中国建筑材料科学研究总院研制的 WWX－Ⅲ型混凝土快速修复材料、中国铁道科学研究院生产的 ZV 型混凝土修复胶、原山东建材学院 SCQ 研究室研制的 SCQ－251 型混凝土公路路面裂缝补缝剂。目前国内外较为知名的领军企业有瑞士西卡（Sika），德国巴斯夫（BASF），意大利马贝（Mapei），中国的苏博特、纽维逊、达奥达、联合荣大、盾基、中建材中岩科技等。高校包括同济大学、武汉理工大学、中南大学等。

化学修复材料和沥青基修复材料属于有机修复材料。随着化学工业的发展和工程对修复材料的需求增加，道面修复材料从无机材料逐渐向高性能的有机材料发展，以弥补无机材料在工程修复中的不足。常用的有机材料为环氧树脂类、丙烯酸酯类、聚氨酯类以及沥青类等。有机修复材料最早出现在 20 世纪中叶，美国使用环氧树脂胶黏剂对公路路面进行快速修复。随后，一些发达国家将有机修复材料广泛应用于公路、公路桥、机场跑道等工程以及水利工程、军事设施的加固中。目前国外生产的修复材料及修复技术已较为成熟，一些高性能产品也陆续推入市场，逐渐形成了专注于混凝土裂缝修复的产业链，包括修复产品的研制、施工机械及施工技术的转让等。处于领先地位的是美国、日本、德国。国内在该行业起步较晚，但研发出的一些型号产品的性能已超过国内外生产的同类产品，价格却较国外产品低，相关科研院所、技术公司在道面修复材料的开发上具有很大的潜力。国外主要路面有机修复材料生产商包括瑞士西卡、瑞士 Master Builders Solutions、英国 Fosroc、德国巴斯夫、荷兰壳牌等，产品如西卡的环氧树脂灌缝胶、巴斯夫的环氧树脂混凝土密封剂、壳牌的改性沥青料等。而随着近年来中国研发团队和生产商的异军突起，中国在道面修复材料领域占据了重要市场，如中国科学院大连化学物理研究所研制的 JGN 系列环氧树脂类混凝土建筑结构胶、奥泰利新技术集团有限公司的环氧树脂灌浆料、湖北雨晴防水工程有限公司的丙烯酸盐灌浆料、山东润通新材料有限公司的沥青冷补料等。

1.1.2　机场智慧道面防水材料

调查显示，20 世纪 90 年代末，我国北方部分机场使用了仅仅几年的混凝土停机坪的路面就出现了剥落现象，对飞机的正常运行产生了一系列的影响。在后来的分析中得知，这种现象是混凝土路面遭受冻融以及除冰盐侵蚀的双重作用导致的破坏。提高机场道面防水性对延长道面服役寿命至关重要。在混凝土中掺入或涂覆防水材料可以在一定程度上减缓这种破坏的发生。目前，针对机场路面的防水处理材料主要为水泥基渗透结晶防水材料和硅烷浸渍剂。

1.1.2.1 水泥基渗透结晶防水材料

水泥基渗透结晶防水材料（capillary/crystalline waterproofing materials，CCCW）是一种刚性防水材料，是以水泥、石英砂为基材，掺入活性化学物质及其他辅料组成的新型刚性防水材料。当混凝土结构产生裂缝并有水存在时，渗透结晶剂中的化学活性物质就以水作为载体，通过渗透作用于基体内部，促进水泥未水化颗粒进一步水化或与水泥的部分水化产物发生反应，生成不溶于水的产物，从而修复裂缝。水泥基渗透结晶防水材料在 1942 年由德国化学家劳伦斯·杰逊在解决水泥船渗漏水的实践中发明。第二次世界大战后，欧洲和日本经济的快速增长，使这一类工程材料的应用领域不断扩大，产品也从早期德国的 VANDEX（稳挡水）发展到加拿大的 XYPEX（赛柏斯）、KRYSTOL（凯顿），新加坡的 FORMDEX（防挡水）等数十个品牌。水泥基渗透结晶防水材料在 20 世纪 80 年代初次引入我国，当时在上海注册的加拿大亚洲之路贸易公司最先向上海地铁筹备组推荐了水泥基渗透结晶防水材料——XYPEX 产品。有关技术人员注意到了它的独特性能，但因当时进口材料的烦琐程序，未能实现工程性能试验的计划。1994 年，加拿大 XYPEX 的代理商美国绿洲海洋化学公司的郑鸿法博士在上海地铁工程建设指挥部的协助下，选择建设中的常熟路地铁车站，进行了堵漏试验。1995 年 3 月，上海市地铁运营公司通过美国绿洲海洋化学公司，进口了 8 吨 XYPEX 产品，用于上海地铁 1 号线的防水堵漏。同年，在有关人士的积极倡导和牵线搭桥下，美国绿洲海洋化学公司在北京设立了 XYPEX 产品的中国代理机构，标志着 XYPEX 正式进入中国市场。从 20 世纪 90 年代开始，FORMDEX（新加坡）、KRYSTOL（加拿大）、PENETRON（美国）等同类产品也相继进入中国市场。这种类型的产品先后在黄河小浪底发电站、四川大桥水库导流洞堵漏、北京世纪坛地下室防水、上海外环线沉管隧道接缝等工程中广泛应用，防水效果显著，获得工程界的一致好评。水泥基渗透结晶防水材料最初进入中国市场时只是用于游泳池、大坝、水库、地下室等的静态防水、堵漏，而用于有动荷载的路面和桥面领域不是很多。许多工程技术人员在长期使用这种材料，对其性质进一步了解后，对许多路面和桥面也采用了该种材料进行防水并取得良好的防水效果，例如北京健翔桥拓宽工程、天津海河大桥桥面修建、苏州长江公路大桥桥面防水等。

我国对水泥基渗透结晶防水材料的研发相对较晚，且国外技术均处于保密状态，而国内创新主体对其配方组成进行了初步探索。为适应水泥基渗透结晶防水材料在我国的快速发展和应用，我国在 2001 年 3 月正式实施国家标准 GB 18445—2001《水泥基渗透结晶型防水材料》。这是由对多家国外进口的水泥基渗透结晶防水材料母料进行性能检测后得出的重要指标。经过十几年技术摸索后，我国对国标进行了更新。新的国标 GB 18445—2012《水泥基渗透结晶型防水材料》在 2013 年 11 月正式实施，但整体来讲也尚未形成明晰的技术体系和产品系列。

1.1.2.2 硅烷浸渍剂

硅烷浸渍剂防水技术从 20 世纪 70 年代起在欧洲、美国、澳大利亚等被广泛用于公路、海港、高架桥等结构的混凝土保护，是美国公路路桥防护中最广泛采用的防腐方案。传统液态的硅烷产品黏度低，容易挥发，在顶面及立面施工时有效成分大量流失。为克服这些弊病，膏体以及凝胶状硅烷产品被开发出来。由高固含量硅烷乳化而成的膏体以及凝胶状硅烷在顶面及立面上施工具有更好的防水效果。它们不易挥发且施工方便，还可以减少硅烷的损耗量。在水平面上施工，液态硅烷和膏体以及凝胶状硅烷应用差别不大，可以发挥同等效果的防护作用。

膏体硅烷由德国瓦克公司开发并带入中国，目前的供应商有瓦克公司和国内的泉州思康新材料发展有限公司、江苏沃佳新材料科技有限公司等。液体硅烷目前的供应商有美国道康宁公司，德国德固赛公司和国内的泉州思康新材料发展有限公司、湖北雨晴防水工程有限公司、德谦新材料有限公司等。

1.2 相关政策

我国机场建设产业布局已基本完善，初步形成从基础研究、应用研究到示范应用的全方位格局。但与国外发达国家相比，我国机场建设发展还有差距，在顶层设计、关键核心技术攻关、跨领域技术联合应用体系构建等方面有待进一步加强。为了进一步提高国家综合立体交通网络建设，我国政府大力支持机场建设发展，将其上升至国家战略高度，中央及地方支持政策密集出台（见表 1 - 2 - 1）。

表 1 - 2 - 1　相关政策列表

领域	法规/政策	发布单位	发布时间	主要内容
机场建设	交通强国建设纲要	中共中央、国务院	2019 年 9 月	统筹铁路、公路、水运、民航、管道、邮政等基础设施规划建设，优化存量资源配置，扩大优质增量供给，实现立体互联，增强系统弹性
	国家综合立体交通网规划纲要	中共中央、国务院	2021 年 2 月	构建以铁路为主干，以公路为基础，水运、民航比较优势充分发挥的国家综合立体交通网

续表

领域	法规/政策	发布单位	发布时间	主要内容
机场建设	《四型机场示范项目2021年度进展材料汇编》白皮书	中国民航局	2021年12月	持续推进"平安、绿色、智慧、人文"四型机场建设
	关于推进公路数字化转型 加快智慧公路建设发展的意见	交通运输部	2023年9月	促进公路数字化转型,加快智慧公路建设发展,提升公路建设与运行管理服务水平
	天津市"十四五"城市基础设施建设实施方案	天津市住房城乡建设委、发展改革委	2023年8月	实施建设高品质现代化市域交通网络行动,提升机场综合交通枢纽地位,全面落实"四型机场"建设要求,推进平安、绿色、智慧、人文机场建设,新建T3航站楼满足"绿色三星"建设标准
建筑材料	建材行业稳增长工作方案	工业和信息化部等八部门	2023年8月	支持特种水泥、快凝材料等优化产能布局,提升应急条件下材料供给能力,聚焦航空航天等产业链需求,发挥新材料重点平台作用

2019年9月,中共中央、国务院印发《交通强国建设纲要》,提出以国家发展规划为依据,发挥国土空间规划的指导和约束作用,统筹铁路、公路、水运、民航、管道、邮政等基础设施规划建设,以多中心、网络化为主形态,完善多层次网络布局,优化存量资源配置,扩大优质增量供给,实现立体互联,增强系统弹性。

2021年2月,中共中央、国务院印发《国家综合立体交通网规划纲要》,提出优化国家综合立体交通布局,构建完善的国家综合立体交通网,以统筹融合为导向,着力补短板、重衔接、优网络、提效能,更加注重存量资源优化利用和增量供给质量提升,完善铁路、公路、水运、民航、邮政快递等基础设施网络,构建以铁路为主干,以公路为基础,水运、民航比较优势充分发挥的国家综合立体交通网。

2021年12月，中国民航局发布《四型机场示范项目2021年度进展材料汇编》白皮书，持续推进"平安、绿色、智慧、人文"四型机场建设。其中，绿色机场示范项目9个，涉及"蓝天保卫战"、绿色能源、绿色设计、绿色建筑、电动化运行、无纸化出行服务等相关实践成果；智慧机场示范项目25个，涉及大数据平台建设、智能化信息化管理、A–CDM系统建设、BIM技术应用、人脸识别技术应用、旅客全流程自助服务等相关实践成果。同期，中国民航局、国家发展改革委、交通运输部还联合印发《"十四五"民用航空发展规划》，民航"十四五"发展分为恢复期和积蓄期（2021年至2022年）、增长期和释放期（2023年至2025年）分步实施，目标为到"十四五"末，运输机场270个，市地级行政中心60分钟到运输机场覆盖率80%，千万级以上机场近机位靠桥率达到80%，枢纽机场轨道接入率达到80%，空管年保障航班起降1700万架次。

2023年9月，交通运输部提出《关于推进公路数字化转型　加快智慧公路建设发展的意见》，促进公路数字化转型，加快智慧公路建设发展，提升公路建设与运行管理服务水平。

天津市积极响应国家优化综合立体交通布局的重要指示精神，为进一步统筹基础设施建设，提高基础设施承载能力和服务水平，服务和保障城市高质量发展，2023年8月，天津市住房城乡建设委、发展改革委联合印发《天津市"十四五"城市基础设施建设实施方案》，提出实施建设高品质现代化市域交通网络行动，提升机场综合交通枢纽地位，全面落实"四型机场"建设要求，推进平安、绿色、智慧、人文机场建设，新建T3航站楼满足"绿色三星"建设标准。

机场道面直接供飞机起降、滑行与停放使用，是机场基础设施中重要的组成部分。机场建设离不开建筑材料的使用，机场道面的结构形式主要有两种，刚性水泥混凝土道面和柔性沥青混凝土道面，机场建设的发展给建筑材料带来新的发展机遇。

2023年8月，工业和信息化部等八部门发布《建材行业稳增长工作方案》，提出支持特种水泥、快凝材料等优化产能布局，提升应急条件下材料供给能力，聚焦航空航天等产业链需求，发挥新材料重点平台作用。

第2章　数据检索

2.1　研究目的和内容

本报告通过对机场智慧道面材料领域相关技术方向的技术分解及专利检索，明确机场智慧道面材料领域相关的专利，以专利趋势分析和专利技术功效分析为手段，结合产业现状及热点研究方向，明晰机场智慧道面材料领域的技术发展方向、技术研发重点、相关技术的重点专利技术和人才团队，以及潜在技术需求方，为行业技术攻关提供参考。

课题组确定机场智慧道面材料领域相关技术分支，聚焦机场道面微胶囊修复材料、微生物自修复材料、形状记忆材料、化学修复材料、水泥基修复材料、沥青基修复材料、水泥基渗透结晶防水材料与硅烷浸渍剂，分析上述分支的申请趋势，梳理技术发展路线，形成技术发展报告。针对重点和难点技术以及重要创新主体进行专利分析，结合行业研发情况，充分挖掘创新点，形成专利挖掘与布局策略报告。对专利运营数据进行分析，挖掘专利技术供需信息，提供市场供需方面的研发方向建议。

2.2　技术分解

课题组经过资料收集和专家交流等多种形式了解机场智慧道面材料领域的技术和产业状况，并在数据库中进行初步检索，根据合同工作内容和技术特点，制订了技术分支表，如表2－2－1所示。该技术分支表同时兼顾了行业标准、习惯与专利数据检索以及标引的统一。

表2－2－1　机场智慧道面材料相关专利技术分支

一级技术分支	二级技术分支	三级技术分支	四级技术分支
机场智慧道面材料	道面修复材料	自修复材料	微胶囊自修复材料
			微生物自修复材料
			形状记忆材料

续表

一级技术分支	二级技术分支	三级技术分支	四级技术分支
机场智慧道面材料	道面修复材料	人工修复材料	化学修复材料
			水泥基修复材料
			沥青基修复材料
	道面防水材料	材料防水	水泥基渗透结晶防水材料
			硅烷浸渍剂

2.3 检索数据范围

本报告的检索主题是机场智慧道面材料，数据检索截止时间为 2023 年 9 月 30 日。本报告的研究对象是关于机场智慧道面修复以及防水方向的技术专利，而修复和防水技术在道面领域具有普适性，因此检索的目标文献是对所有道面进行修复和防水的专利文献。专利文献数据来自合享数据库（incoPat），前期进行技术分解，构建检索式并且验证检索结果时参考了 CNABS 数据库、德温特世界专利索引数据库以及 VEN 数据库的检索和统计结果。

本报告的数据检索对象是道面修复以及防水的专利文献。由于道路修筑材料与修复防水材料成分之间存在交叉，且道面病害类型多，不易查全和查准，因此检索中采用了分类号和关键词联合、机器去噪和手工去噪相结合的方式，以确定最终的数据范围，分析道面修复防水中各类材料的整体发展趋势。

2.4 检索过程

本报告的检索由初步检索、全面检索和补充检索三个阶段构成。初步检索使用 CNABS 数据库和 VEN 数据库以扩展中英文关键词和统计分类号，针对中文数据库和外文数据库分别单独进行检索，从而避免因数据库自身特点造成的检索数据遗漏。全面检索使用 incoPat 数据库。

初步检索阶段：初步选择关键词和分类号对该技术主题进行检索，对检索到的专利文献的关键词和分类号进行统计分析，并抽样对相关专利文献进行人工阅读，提炼关键词。初步检索阶段还要进行的就是检索策略的调整、反馈，总结各检索要素在检索策略中所处的位置，在上述工作基础上制定全面检索策略。

全面检索阶段：选定精确关键词、扩展关键词、精确分类号和扩展分类号作为主要检索要素，合理采用检索策略及其搭配，充分利用截词符和算符，选择

incoPat 的同族数据库，对该技术主题在外文和中文数据库进行全面而准确的检索。

补充检索阶段：在前面全面检索的基础上，统计该领域主要申请人，并结合所需关注的企业以及对应企业关注的申请人，以申请人为入口进行补充检索，保证重要申请人检索数据的全面和完整。

根据对初步检索结果的统计和分析，总结得到检索需要的检索要素，并按照检索的需求，对各技术分支各检索要素进行整理。各技术分支检索要素、检索式以及检索数据量如表 2－4－1、表 2－4－2、表 2－4－3 所示。

表 2－4－1　自修复材料检索结果　　　　　　　　　单位：件

各级分支	关键词/分类号扩展		检索式	全球数据量
自修复材料	关键词	沥青、asphalt、水泥、砂浆、混凝土、浆料、地聚物、地聚合物、地质聚合物、cement、mortar、slurry、paste、geopolymer、自修复、自愈、自恢复、自修补、self（1w）heal＊、self（1w）repair＊	（IPC－LOW＝C08L95/00 OR IPC－LOW＝C04B）AND TIABC＝（沥青 OR asphalt OR 水泥 OR 砂浆 OR 混凝土 OR 浆料 OR 地聚物 OR 地聚合物 OR 地质聚合物 OR cement OR mortar OR slurry OR paste OR geopolymer）AND DES＝（自修复 OR 自愈 OR 自恢复 OR 自修补 OR（self（1w）heal＊）OR（self（1w）repair＊））AND（PD＝［18000101 TO 20230930］）	2994
	IPC/CPC	C08L 95/00、C04B		
微胶囊自修复材料	关键词	胶囊、微囊、micro（1w）capsule＊、microencapsulated、microcapsule $	（IPC－LOW＝C08L95/00 OR IPC－LOW＝C04B）AND TIABC＝（沥青 OR asphalt OR 水泥 OR 砂浆 OR 混凝土 OR 浆料 OR 地聚物 OR 地聚合物 OR 地质聚合物 OR cement OR mortar OR slurry OR paste OR geopolymer）AND（IPC－LOW＝B01J13/00 OR TIABC＝（胶囊 OR 微囊 OR（micro（1w）capsule＊）OR microencapsulated OR microcapsule $））AND DES＝（自修复 OR 自愈 OR 自恢复 OR 自修补 OR（self（1w）heal＊）OR（self（1w）repair＊））AND（PD＝［18000101 TO 20230930］）	319
	IPC/CPC	B01J 13/00		

续表

各级分支	关键词/分类号扩展		检索式	全球数据量
微生物自修复材料	关键词	微生物、microorganism \$、microbiological、microbial、microbe \$、（micro-organism \$）、细菌、bacteria \$、芽孢杆菌、Bacillus、平球菌、Planococcus、enterococcus、肠球菌、Diophrobacter、嗜热菌、Proteus、变形杆菌、Sporosarcina、孢子囊	（IPC-LOW=C08L95/00 OR IPC-LOW=C04B）AND TIABC=（沥青 OR asphalt OR 水泥 OR 砂浆 OR 混凝土 OR 浆料 OR 地聚物 OR 地聚合物 OR 地质聚合物 OR cement OR mortar OR slurry OR paste OR geopolymer）AND TIABC=（微生物 OR microorganism \$ OR microbiological OR microbial OR microbe \$ OR（micro-organism \$）OR 细菌 OR bacteria \$ OR 芽孢杆菌 OR Bacillus OR 平球菌 OR Planococcus OR enterococcus OR 肠球菌 OR Diophrobacter OR 嗜热菌 OR Proteus OR 变形杆菌 OR Sporosarcina OR 孢子囊）AND DES=（自修复 OR 自愈 OR 自恢复 OR 自修补 OR（self（1w）heal*）OR（self（1w）repair*）OR selfheal* OR selfrepair*）AND（PD=［18000101 TO 20230930］）	285
	IPC/CPC			
形状记忆材料	关键词	记忆、memory（w）alloy \$、SMA、memory（w）polymer \$、memory（w）fiber \$	（IPC-LOW=C08L95/00 OR IPC-LOW=C04B）AND TIABC=（沥青 OR asphalt OR 水泥 OR 砂浆 OR 混凝土 OR 浆料 OR 地聚物 OR 地聚合物 OR 地质聚合物 OR cement OR mortar OR slurry OR paste OR geopolymer）AND TIABC=（记忆 OR（memory（w）alloy \$）OR SMA OR（memory（w）polymer \$）OR（memory（w）fiber \$））AND DES=（自修复 OR 自愈 OR 自恢复 OR 自修补 OR（self（1w）heal*）OR（self（1w）repair*）OR selfheal* OR selfrepair*）AND（PD=［18000101 TO 20230930］）	34
	IPC/CPC			

表 2－4－2 人工修复材料检索结果

各级分支	关键词/分类号扩展		检索式	全球数据量
人工修复材料	关键词	道路、路面、飞机、跑道、道面、机场、ROAD、LANDING（W）STRIP＊、RUNWAY、AIRPORT、SURFACEWAY、修复、修补、维修、补修、修护、养护、RECONSTRUCT＊、RESTOR＊、MAINTENANCE、RECOVER＊、REHABILITAT＊、RENOVAT＊、PATCH＊、REPAIR＊、SEAL＊、	（（TIABC＝（（道路 OR 路面 OR 机场 OR 道面 OR 跑道 OR road OR pav＊ OR landing（W）strip＊ OR runway OR airport OR surfaceway）AND（维修 OR 补修 OR 养护 OR 修补 OR 修复 OR patch＊ OR repair＊ OR maintenance OR recover＊））AND（IPC＝（c04b）））AND（AD＝［18000101 TO 20230930］）	5044
	IPC/CPC	C04B		
化学修复材料	关键词	高分子、聚合物、有机、共聚物、树脂、环氧、丙烯酸、聚氨酯、硅氧烷、MACROMOLECULE＊、POLYMER＊、COPOLYMER＊、EPOX＊、ACRYL＊、POLYURETHANE、ORGANOSILICON、SILICON RESIN、POLYSILOXANE、PU	（（TIABC＝（（道路 OR 路面 OR 飞机跑道 OR 道面 OR 机场 OR 坑槽 OR ROAD OR LANDING（W）STRIP＊ OR RUNWAY OR AIRPORT OR SURFACEWAY）（S）（修复 OR 修补 OR 维修 OR 补修 OR 修护 OR 养护 OR 裂缝 OR 缝隙 OR REPAIR＊ OR REHABILITAT＊ OR RECONSTRUCT＊ OR RESTOR＊ OR RENOVAT＊ OR PATCH＊ OR MAINTENANCE OR RECOVER＊ OR SEAL＊）））AND（TIABC＝（高分子 OR 聚合物 OR 有机 OR 共聚物 OR 树脂 OR 环氧 OR 丙烯酸 OR 聚氨酯 OR 硅氧烷 OR MACROMOLECULE＊ OR POLYMER＊ OR COPOLYMER＊ OR EPOX＊ OR ACRYL＊ OR POLYURETHANE OR PU OR ORGANOSILICON OR SILICON RESIN OR POLYSILOXANE）））AND（（IPC－LOW＝（C08F OR C08G OR C08K OR C08L OR C04B26））NOT（IPC－MAIN＝C08L95））AND（PD＝［18000101 TO 20230930］）	1636
	IPC/CPC	C08F、C08G、C08K、C08L、C04B 26		

续表

各级分支	关键词/分类号扩展		检索式	全球数据量
水泥基修复材料	关键词	水泥、砂浆、混凝土、浆料、地聚物、地聚合物、地质聚合物、cement、mortar、slurry、paste、geopolymer	（（TIABC = （（道路 OR 路面 OR 机场 OR 道面 OR 坑槽 OR 跑道 OR road OR pav＊ OR landing（W）strip＊ OR runway OR airport OR surfaceway）（S）（修补 OR 修复 OR patch＊ OR repair＊ OR recover＊））AND TIABC = （水泥 OR 砂浆 OR 混凝土 OR 浆料 OR 地聚物 OR 地聚合物 OR 地质聚合物 OR cement OR mortar OR slurry OR paste OR geopolymer）NOT TIAB = （沥青 OR 胶囊 OR 菌 OR asphalt OR bitumen OR capsule OR becter＊ OR microbi＊））AND （IPC = （c04b）））AND （AD = ［18000101 TO 20230930］）	1944
	IPC/CPC	C04B		
沥青基修复材料	关键词	沥青、ASPHALT、裂缝、缝隙、? 车辙、（抗（2W）开裂）、? 轮辙、RUT＊、CRACK＊	（（（IPC － LOW = （C08L95 OR C04B））AND （TIABC = （（沥青 OR ASPHALT）））AND （TIABC = （（机场 OR AIRPORT OR 道路 OR 路面 OR 跑道 OR 道面 OR ROAD OR RUNWAY OR PAVEMENT）（S）（修复 OR 修补 OR 修整 OR 维修 OR 维护 OR REPAIR＊ OR SEAL＊ OR RECOVER＊ OR MAINTENANCE）））AND （DES = （裂缝 OR 缝隙 OR ? 车辙 OR （抗（2W）开裂）OR ? 轮辙 OR RUT＊ OR CRACK＊）））AND （AD = ［18000101 TO 20230930］）	1825
	IPC/CPC	C08L 95		

表 2 - 4 - 3　道面防水材料检索结果

各级分支	关键词/分类号扩展		检索式	全球数据量
道面防水材料	关键词	道路、路面、飞机、跑道、道面、混凝土、机场、ROAD、AIRPORT、SUR-FACEWAY、CONCRETE、防水、防渗、抗渗、防护、waterproof	((((IPC - LOW = （C04B）） AND（TIABC = （（道路 OR 路面 OR 飞机跑道 OR 道面 OR 混凝土 OR 机场 OR ROAD OR AIR-PORT OR SURFACEWAY OR CONCRETE） AND（防水 OR 抗渗 OR 防渗 OR 防护 OR WA-TERPROOF）)))) AND （PD = ［18000101 TO 20230930］))	12367
	IPC/CPC			
水泥基渗透结晶防水材料	关键词	（渗透 OR 防水）（2W）结晶）、（capill * OR penetrat * OR permea * OR infiltrat * OR waterproof）（2W）crystall *	（TIAB = （（（渗透 OR 防水）（2W）结晶） OR （（capill * OR penetrat * OR permea * OR infiltrat * OR waterproof）（2W）crystall *))) AND （IPCM - LOW = （C04B OR C09）） AND （PD = ［18000101 TO 20230930］）	416
	IPC/CPC	C04B、C09		
硅烷浸渍剂	关键词	硅烷、硅氧烷、有机硅、浸渍、涂覆、涂抹、喷涂、IMPREGNAT *	(((((IPC - LOW = （C04B）） AND （TIABC = （（道路 OR 路面 OR 飞机跑道 OR 道面 OR 混凝土 OR 机场 OR ROAD OR AIRPORT OR SURFACE-WAY OR CONCRETE） AND （（硅烷 OR 硅氧烷 OR 有机硅）（S）（浸渍 OR 涂覆 OR 涂抹 OR 喷涂 OR IMPREG-NAT *)))))) AND （PD = ［18000101 TO 20230930］))	789
	IPC/CPC			

2.5　检索结果验证

为确保专利数据和分析结果的全面性、准确性和有效性，在检索过程中对检索的查全率和查准率进行了评估。针对数据的查全查准率，采用以每个技术分支为一部分的验证方式，通过对各技术分支的数据查全查准率进行评估以判断是否可以终止检索过程。对每一分支分别进行验证能够对每个技术分支的检索结果进行直观的评估，了解每一部分数据的有效性，从而避免将各部分数据加和后再进行验证时，各部分数据间相互影响。同时，验证过程与检索去噪过程交替进行，在去噪后保证查准率的同时，还需要验证查全率，以保证最终数据的全面性和准确性。

查准率验证方式如下：

查准率 = （检出的符合特征的文献数量/检出的全部文献数量）×100%。

通过检索得到初步检索文献集合 A，数量记为 N。由于检索数据量 N 很大，无法进行逐一核对，因此通过随机方式进行抽样。设抽样集合为 a，数量为 n，人工阅读样本集合，符合特征的检索结果数量为 b，查准率 $p = (b/n) \times 100\%$。

查全率验证方式如下：

通过验证部分结果的查全率来估计初步检索文献集合 A 的查全率。①确定重要申请人。对初步检索结果进行分析能够得到大致的申请人排名，选取排名靠前的非自然人申请人为重要申请人。②确定母样本检索式。利用选取的重要申请人构建母样本检索式，若重要申请人的专利申请只分布在该特定技术领域，则直接用申请人确定母样本数据集，否则，还需要结合上位分类号或关键词来确定母样本数据集。母样本的检索式检索策略需与现有检索式不同，否则查全率不准确。对于一些申请量大且涉及领域广的企业，通过限定一定申请年份获得数量合适的母样本。③人工筛选确定母样本。利用母样本检索式进行检索得到检索结果，通过人工浏览，确定与主题相关的全面的、准确的母样本 t（数量也为 t），并提取出相应的专利公开号或申请号。④确定子样本。用待验证检索式与所提取的 PN 号进行"逻辑与"运算确定子样本，即待验证检索式的检索结果中落在母样本范畴内的专利文献，得到子样本 b（数量也为 b），漏检的专利数量则为 $c = t - b$。⑤计算查全率。查全率 $r = (b/t) \times 100\%$。

具体验证方式以微胶囊自修复材料和硅烷浸渍剂为例进行说明。

1）对于微胶囊自修复材料

（1）查准率：

样本时间段为 2022 年 9 月 30 日—2023 年 9 月 30 日，样本量为 106 件；目标文件数为 101 件；查准率为 95.3%；

样本时间段为 2017 年 9 月 30 日—2018 年 9 月 30 日，样本量为 39 件；目标文件数为 38 件；查准率为 97.4%；

样本时间段为 2012 年 9 月 30 日—2013 年 9 月 30 日，样本量为 10 件；目标文件数为 10 件；查准率为 100.0%；

累计查准率为 96.1%。

（2）查全率：

母样本取自武汉理工大学；样本量为 26 件；子样本样本量为 24 件；查全率

为 92.3%；

母样本取自 SAUDI ARABIAN OIL COMPANY；样本量为 18 件；子样本为 17 件；查全率为 94.4%；

母样本取自同济大学；样本量为 26 件；子样本样本量为 23 件；查全率为 88.5%；

累计查全率为 91.4%。

2）对于硅烷浸渍剂

（1）查准率：

样本时间段为 2022 年 9 月 30 日—2023 年 9 月 30 日，样本量为 101 件；目标文件数为 98 件；查准率为 97.0%；

样本时间段为 2017 年 9 月 30 日—2018 年 9 月 30 日，样本量为 66 件；目标文件数为 62 件；查准率为 93.9%；

样本时间段为 2012 年 9 月 30 日—2013 年 9 月 30 日，样本量为 32 件；目标文件数为 31 件；查准率为 96.9%；

累计查准率为 96.0%。

（2）查全率：

母样本取自 DYNAMIT NOBEL AG；样本量为 21 件；子样本样本量为 19 件；查全率为 90.5%；

母样本取自中建西部建设股份有限公司；样本量为 12 件；子样本样本量为 11 件；查全率为 91.7%；

母样本取自东南大学；样本量为 25 件；子样本样本量为 24 件；查全率为 96.0%；

累计查全率为 93.1%。

基于上述统计方式，各技术分支的检索结果验证情况如表 2-5-1 所示。

表 2-5-1　查全查准率表

技术分支	查准率	查全率
微胶囊自修复材料	96.1%	91.4%
微生物自修复材料	91.7%	93.5%
形状记忆材料	94.7%	89.6%
化学修复材料	88.2%	92.4%
水泥基修复材料	89.3%	90.1%
沥青基修复材料	88.6%	89.7%
水泥基渗透结晶防水材料	97.2%	96.2%
硅烷浸渍剂	96.0%	93.1%

2.6 专利数据处理

确定检索式后，通过 incoPat 数据库对检索数据集进行分析，按照技术分支 IPC 分类号的数据量进行排序，对排序在前 20 位的 IPC 分类号下的专利文献进行粗筛，分析该分类号下的文献与检索主题的相关度，根据分析结果对检索式进行调整。

本报告对重点技术分支和重点申请人进行了技术改进方向、技术功效等的归类标引。技术改进方向是对专利文献中提及的发明技术内容所要解决的领域技术难题或技术难点的聚类。聚类和梳理后形成的技术方向具有重要的研究价值。对技术方向的分析可以获得某一分类下技术发展的脉络以及技术发展的基本走向和趋势。对技术功效的标引可了解机场智慧道面材料的发展侧重点，进一步为课题研发过程中对研发方向的选择提供参考和帮助。

2.7 相关说明

同族专利：同一项发明创造在多个国家或地区申请专利而产生的一组内容相同或基本相同的专利文献出版物，称为 1 个专利族或同族专利。属于同一专利族的多件专利申请可视为同一项技术。在本报告中，针对技术和专利技术原创国进行分析时，对同族专利进行了合并统计；针对专利在国家或地区的公开情况进行分析时，对各件专利进行了单独统计。

技术目标国：以专利申请的公开国家或地区来确定。

技术来源国：以专利申请的首次申请优先权国别来确定，没有优先权的专利申请以该申请的最早申请国别来确定。

项：同一项发明可能在多个国家或地区提出专利申请。incoPat 同族数据库将这些相关的多件专利申请作为一条记录收录。在进行专利申请数量统计时，对于数据库中以一族数据的形式出现的一系列专利文献，计算为"1 项"。

件：在进行专利申请数量统计时，例如为了分析申请人在不同国家或地区所提出的专利申请的分布情况，将同族专利申请分开进行统计时，所得到的结果对应于申请的件数。1 项专利申请可能对应于 1 件或多件专利申请。

日期约定：依照最早优先权日确定每年的专利数量，无优先权日的以最早申请日为准。

图表数据约定：由于 2023 年数据不完整，不能代表整体的专利申请趋势，因此，在与年份有关的趋势图中并未对 2023 年的数据进行分析。

第 3 章　道面修复材料专利技术分析

近几十年来，我国经济快速发展，民航机场运输量和飞机载重量逐渐递增，对飞机跑道路面的破坏速度也越来越快。如何在道面破坏初期使其进行自修复以避免破坏进一步发生，以及在较短时间里实现对破损道面的快速修补，成为养护人员关心的问题。最常用的机场道面修复材料是水泥基修复材料和沥青基修复材料。水泥基修复材料凝结快、无须加热、力学性能好、与水泥道面相容性好。沥青基修复材料柔性好，对沥青道面和水泥道面均可快速修复实现通航。此外，化学修复材料和自修复材料也占据一席之地：化学修复材料流动性好；自修复材料可实现对道面破坏初期产生的微裂纹进行主动修复，避免破坏的进一步发生。以下对道面修复材料进行分析。

传统的混凝土维护保养方式旨在延长混凝土的使用寿命。但是，昂贵的维修费用以及实际情况中裂缝的位置、大小等因素的限制，使得传统的混凝土维护方式的功效难以得到有效的发挥。为此，学界开始将目光投向了提高混凝土的自修复能力上。自修复混凝土作为新型材料，利用内嵌在其本身的修复材料对混凝土结构出现的裂缝等损伤实现智能主动的修复，从而延长混凝土结构的使用寿命并提高其耐久性能。目前通常采用的自修复材料包括微胶囊自修复材料、微生物自修复材料和形状记忆材料。

3.1　微胶囊自修复材料

自修复微胶囊作为一种新型的自修复材料，具有在基体中易于分散、实现自修复的智能性等特点。它的修复原理是把具有修复效果的材料储存在微胶囊内部，利用囊壁对具有修复功能的囊芯材料进行包裹，在外界环境刺激下，如出现裂缝或者离子浓度变化，囊壁破裂，内部的囊芯材料释放出来起到修复作用，可全方位无死角与潜在损伤接触。本节将对国内外微胶囊自修复材料专利申请进行研究。

3.1.1　专利技术整体态势

本节专利数据检索时间截至 2023 年 9 月 30 日。在专利数据库中通过对相关专利进行检索及筛选，得到全球微胶囊自修复技术相关专利申请319件，中国申请数量264件。由于2023年的部分数据还没有进入公开阶段，故2023年的数据不完整，不代表这个年份的全部申请。

一种技术的生命周期通常包括萌芽、发展、成熟、衰退四个阶段。通过分析一种技术的专利申请数量的年度变化趋势，可以分析该技术处于生命周期的何种阶段，进而可为研发、生产、投资等提供决策参考。

图3-1-1给出了微胶囊自修复技术专利申请量在全球和中国年度变化趋势。从图中可以看出，微胶囊自修复技术在中国专利申请量总体趋势与全球申请量总体趋势相近，也经历了技术萌芽期和技术发展期两个阶段。

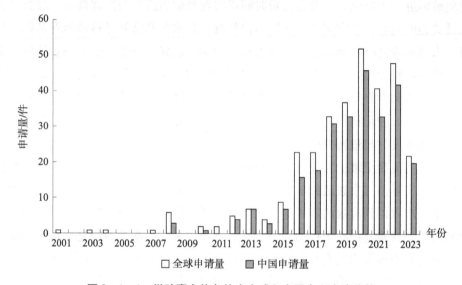

图3-1-1　微胶囊自修复技术全球和中国专利申请趋势

1）技术萌芽期（2001—2011年）

2001—2011年，微胶囊自修复技术相关专利的申请数量及申请人数量较少，且国外申请占绝大多数，国内申请量较少。全球每年申请量与申请增长量一直维持在较低水平，呈现缓慢增长的态势，直至2008年，为该阶段专利申请量最多，也是专利申请增量最多的一年，然而申请量也仅为6件，始终未突破两位数。可以看出，全球与中国的技术萌芽期持续时间都较长，该阶段内相应的政策支持较少，社会投入意愿也较低。

2）技术发展期（2012年至今）

中国在微胶囊自修复技术领域的研究起步与发达国家相比较晚，直至2012年才终于迎来了微胶囊自修复技术专利申请的快速增长阶段。在进入技术发展期的2012年后，中国专利申请呈现出大幅度的增长，成为研究自修复微胶囊用于水泥基材料或沥青基材料的主力军。2015—2020年，中国申请量始终保持持续且快速的增长，使中国逐渐跃居全球申请量首位，在数量上展现出绝对的控制力。2023 年，在部分专利申请尚未公开的情况下，中国年度申请量已经达到了 20 件。随着微胶囊自修复技术研发广度的不断扩展和研发深度的不断加深，微胶囊自修复技术研究在全国范围内持续升温。可以预测未来几年内，微胶囊自修复技术相关专利在中国申请数量仍将继续保持快速增长态势。

3.1.2　法律状态分析

对中国微胶囊自修复技术相关专利申请进行法律状态和专利申请有效性分析，结果如图 3-1-2 所示。对中国专利申请的法律状态进行分析，可见授权专利为 169 件，其中维持有效的专利为 154 件，维持在较高水平，表明各申请人对微胶囊自修复材料保持了相对较高的重视程度。并且，中国微胶囊自修复技术审中专利申请为 65 件，表明中国在微胶囊自修复技术领域仍然维持了较强的研发力度，专利申请活跃度很高。随着中国对知识产权保护意识的不断增强，以及对科技创新力度的不断提高，对微胶囊自修复相关技术进行专利挖掘，布局核心专利，加强知识产权保护，可以提高中国科研院所对技术的有效控制，提升中国创新能力。

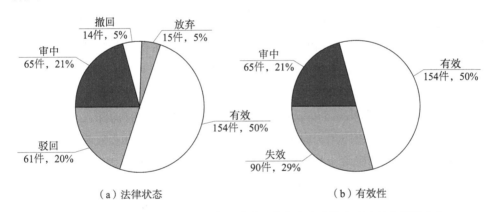

图 3-1-2　微胶囊自修复技术专利申请法律状态分布及专利申请有效性分布

注：因数据修约所致，加和不等于 100%，以后类似情况不再赘述。

3.1.3　申请人分析

如图 3-1-3 所示，同济大学为全球范围内水泥基或沥青基微胶囊自修复技术领域专利申请量最多的申请人，武汉理工大学位居第二，深圳大学位居第三。北京工业大学、长安大学、东南大学、山东大学、河海大学、南昌大学和青岛理工大学等也为该领域的重要申请人，专利申请量比较接近。可以看出排名前十申请量的申请人均为中国高校，说明目前中国研究人员成为研究自修复微胶囊用于水泥基材料或沥青基材料的主力军。然而国内企业在该领域中的研发和专利申请相对不足，技术成熟程度不高，大规模开展微胶囊自修复技术专利申请的企业稀缺。对此，可考虑刺激企业在该领域的研发积极性，加强高校及科研院所与企业的交流与研发合作以助力企业成果产出。

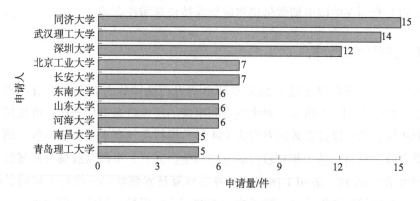

图 3-1-3　微胶囊自修复技术全球专利申请数量排名前十的申请人

3.1.4　技术构成

对路面微胶囊自修复技术全球相关专利申请进行主题分析统计，结果如图 3-1-4 所示。按技术主题分布情况来看，由于路面自修复微胶囊的囊芯与囊壁在现有专利申请中占有突出的地位，其是研究的重点和热点，具有重要的分析价值，其中涉及囊芯研究的相关申请占据 43%，涉及囊壁研究的相关申请占据 34%。随着材料科学的发展以及对微胶囊自修复技术研究的深入，更多性能优异的芯材与壁材得以应用，同时自修复微胶囊的制备方法和微胶囊形状与粒径设计对自修复效果的影响也被探索。其中自修复微胶囊的制备方法相关申请占比 13%，主要有界面聚合法、原位聚合法和锐孔-凝聚浴法等；微胶囊的表观形貌与粒径设计相关申请占比 7%。微胶囊由其设计性强、在基体中易于分散、延长芯材的时效性、实现自修复的智能性等优势，在混凝土的应用中得到了广泛的研究。

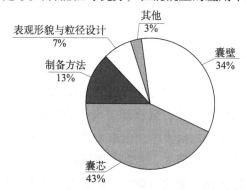

图 3-1-4　微胶囊自修复技术专利申请技术主题分布

自修复微胶囊制备方法种类众多，其中主要的方法有界面/原位聚合法、双乳液法、锐孔-凝聚浴法和喷雾干燥法等。由于微胶囊制备技术逐步发展，近年来也有不少研究人员致力于不同制备方法的研究，由此制备方法呈现出多样性发展状态。

图3-1-5反映了不同种类的制备方法的技术分布，其中界面/原位聚合法是目前申请量最多的制备类型，占比51%，其次为锐孔-凝聚浴法、双乳液法和喷雾干燥法，申请量占比分别为16%、14%、11%。

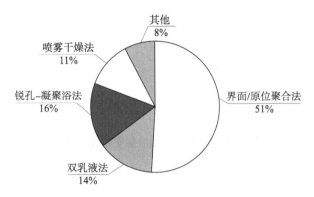

图3-1-5 自修复微胶囊制备方法技术分布

路面自修复微胶囊的设计除考虑制备工艺外，还应考虑芯材和囊壁的选料。图3-1-6反映了不同种类的微胶囊囊壁技术的分布情况。总体来看，微胶囊囊壁的主要种类为天然高分子材料、半合成高分子材料、全合成高分子材料和无机材料，其中涉及全合成高分子材料囊壁的专利申请占比最高，为66%；涉及天然高分子材料、半合成高分子材料和无机材料的专利申请量占比分别为10%、9%、9%。全合成高分子材料主要有脲醛树脂、聚脲树脂、蜜胺树脂、酚醛树脂、环氧树脂、不饱和聚酯树脂、聚甲基丙烯酸甲酯树脂等；天然高分子材料主要有海藻酸钙、明胶、淀粉等；半合成高分子材料主要有羧甲基纤维素、乙基纤维素、醋酸纤维素等；无机材料主要有硅酸盐水泥、玻璃、陶瓷等。

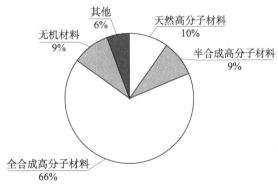

图3-1-6 自修复微胶囊囊壁技术分布

图 3 - 1 - 7 反映了不同种类的囊芯技术的分布情况。总体来看，微胶囊囊芯的主要种类为疏水物质和亲水物质。按照分布情况来看，涉及以疏水物质作为囊芯的相关专利申请较多，申请占比 62%。疏水囊芯主要有环氧树脂、聚氨酯、丙烯酸酯、甲苯二异氰酸酯等。以亲水物质作为微胶囊囊芯材料的相关专利申请占比为 32%。亲水物质主要有硅酸钠溶液、氢氧化钙等。

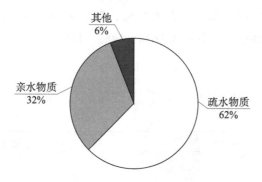

图 3 - 1 - 7　自修复微胶囊囊芯技术分布

3.1.5　技术发展脉络

图 3 - 1 - 8 给出了微胶囊自修复技术发展脉络。可以看出，自修复微胶囊最早的研究方向为囊壁和囊芯，后陆续开始研究制备方法和胶囊形状及粒径设计。其中，囊芯的相关专利申请量最多，其次为囊壁的相关专利申请。2010—2020年，有关改进囊壁和囊芯的申请量一直保持稳定增加的态势，这验证了该技术方向的重要性。研究人员在 2010 年和 2011 年开始研究自修复微胶囊的制备方法以及胶囊的形状和粒径设计，并且申请量逐步增长。可以看出，囊芯和囊壁的设计对自修复微胶囊的稳定性、敏感性和修复性有重要作用。

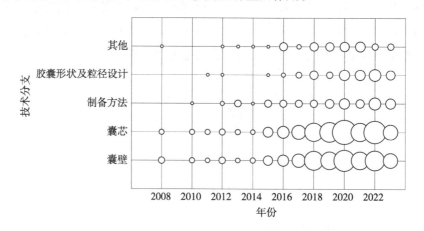

图 3 - 1 - 8　微胶囊自修复技术的改进方向变化趋势
注：图中圆形大小对应申请量多少。

涉及机械性能、可裂性和界面相容性的专利申请最早出现，随后陆续被关注的技术方向还有易于流动、自修复效率、成膜性能和稳定性。其中涉及提升自修复效率的专利申请最多。如图 3-1-9 所示，2013—2020 年，提升自修复效率方向的申请量一直保持稳定增加的态势，这验证了该技术方向的重要性。制备自修复微胶囊相对来说需要的工艺条件复杂，包括囊壁和囊芯的设计、制备方法的选择以及胶囊的形状和粒径设计。如何在混凝土中发生劣化后，使微胶囊能够进行及时修复，一直是技术人员面对的一个技术难题。

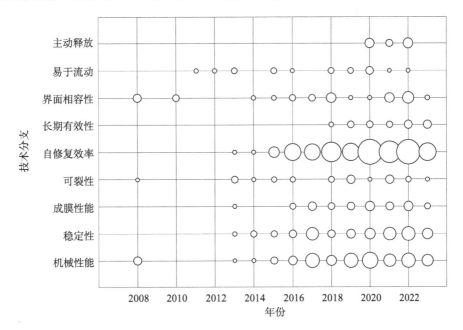

图 3-1-9 微胶囊自修复技术的改进效果变化趋势

注：图中圆形大小对应申请量多少。

涉及机械性能和稳定性技术方向的专利申请量也占有相当大的比例。在混凝土浇筑过程中包含搅拌、振捣等过程，微胶囊需保证能够在这些过程中不出现破裂，拥有良好的机械性能，满足混凝土的施工要求。同时，混凝土材料为复性材料，为保证微胶囊能够稳定存在，微胶囊囊壁需要与水泥等组分保持独立，不与其发生任何化学反应。因此，如何提升自修复微胶囊的机械性能和稳定性等方面，也一直是技术人员研究的热点。

3.1.6 技术功效分析

由图 3-1-10 可以看出，微胶囊自修复技术手段的专利申请主要集中在囊壁和囊芯的选择和改性。对于囊壁的设计可实现微胶囊机械性能、化学稳定性、成膜性、界面相容性和自修复效率的提升。对于囊芯的设计可实现自修复效率的提升，以及化学稳定性和易于流动性的提升。同时，制备方法的选择主要影响微胶囊的机械性能、化学稳定性和自修复效率。对于微胶囊表观形状的设计主要影响微胶囊与水泥基材料的界面相容性。微胶囊的粒径分布对自修复剂的包覆量及其力学性能有重要影响，粒径越大其愈合剂包覆量越多，修复能力越强。因此，现有技术主要围绕对囊壁和囊芯的改进，以进一步提升微胶囊的自修复效率、机械性能和化学稳定性。同时，微胶囊在成膜性、可裂性、界面相容性和易于流动性方面的技术功效，也是现有专利申请中主要实现的效果。而自修复微胶囊在长期有效性和主动释放方面存在较多技术空白，这两个方面可能成为自修复微胶囊产品未来研究的方向。

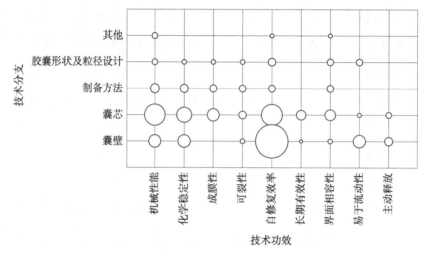

图 3-1-10 微胶囊自修复技术功效矩阵

注：图中圆形大小对应申请量多少。

通过以上分析可见，有关囊芯和囊壁专利申请起步早，数量多，并且保持了对囊芯和囊壁研究的持续关注，其自 2008 年开始囊芯和囊壁设计的专利布局，至 2020 年保持了专利申请量持续上升的趋势，而后专利申请热度波动趋于平稳，但仍然持续涉及囊芯和囊壁选择和改进的所有技术手段。下面对微胶囊的囊芯和囊壁两个维度的技术路线进行分析。

囊芯和囊壁的技术路线如图 3-1-11 所示。囊壁材料是自修复微胶囊研究的重点方面。深圳大学 2008 年的专利申请 CN101289298A 以脲醛树脂高分子和聚脲树脂全合成高分子材料为囊壁，以环氧树脂为囊芯制备微胶囊。该微胶囊材料具有良好的力学性能，并且含有脲醛树脂微胶囊的混凝土材料在经历了 8MPa 的预破坏和固化处理后，与对应的混凝土材料相比，其抗折强度基本不变或有所增加。天津工业大学 2014 年的专利申请 CN103965644A 公开了一种微胶囊，采用聚合物为壁材，市售沥青再生剂液体为芯材，壁材聚合物为蜜胺树脂、甲基改性蜜胺树脂、酚醛树脂、环氧树脂、不饱和聚酯树脂、聚甲基丙烯酸甲酯树脂之一。研究表明，采用合成高分子聚合物为壁材的微胶囊具有优异的力学性能和高温稳定性。该微胶囊与200℃的融化沥青混合，保持1小时，95%的微胶囊保持完整状态而不发生破裂。同济大学2017年的专利申请CN107617398A采用三聚氰胺－尿素－甲醛树脂为壁材，沥青再生剂为芯材制备自修复微胶囊，发现采用三聚氰胺－尿素－甲醛树脂包含沥青再生剂的微胶囊具有较好的高温稳定性和一定的力学强度，有效增强了沥青的自愈合能力。因此，采用合成高分子材料作为微胶囊囊壁具有成膜性好、化学稳定性好和力学性能好的特性，然而价格高且与水泥基材料的相容性较差。

图3-1-11　囊芯和囊壁的技术路线

为了在降低制备微胶囊成本的同时具有优异的成膜性能，北京工业大学2018年的专利申请CN108409178A公开了一种微胶囊以天然高分子海藻酸钙为囊壁，环氧树脂为囊芯；微胶囊粒径范围在300—2500μm。研究表明，该自修复微胶囊芯材包覆率高达72%，能够提供足够的修复剂用于水泥基材料自修复。

为了提升微胶囊的环境友好性，交通运输部公路科学研究所2019年的专利申请CN110510910A采用在光作用下易氧化降解的半合成高分子纤维素材料作为微胶囊的囊壁，具有光氧降解效果，可保证在混凝土出现裂纹处破裂，释放自修复剂。

为了进一步提升自修复微胶囊的机械性能和相容性，山东大学2022年的专利申请CN115536329A微胶囊以无机材料普通硅酸盐水泥为囊壁，以碳酸钠、硅灰、二氧化硅、生石灰、氧化镁膨胀剂和膨润土为囊芯，使用硅酸盐水泥为囊壁提高了自修复颗粒的强度，防止制备自修复水泥基复合材料过程中自修复颗粒过早地破坏失效，从而保证修复效果的长期有效性，且在水泥基材料中具有很好的相容性，避免在自修复颗粒与水泥基体的界面过渡区出现薄弱面。

为了提升自修复微胶囊的长期有效性，吉林省水利科学研究院2022年的专利申请CN114315210A采用双壁材和双囊芯构成微胶囊。该发明的设计，提供一种"双芯微胶囊"，微胶囊呈球状，粒径分布在1—40μm，热分解温度大致为300℃，热稳定性较好，芯材含量约为24%，包覆率约为48%。将双芯微胶囊植入混凝土中，在混凝土遭受外力作用时，能够及时有效地修复那些微观范围内的损伤，使混凝土不再继续被破坏或延缓被破坏。

分析可见，自修复微胶囊的囊壁主要研究方向为全合成高分子、天然高分子、半合成高分子和无机材料。全合成高分子具有成膜性好、化学稳定性好和力学性能好的特性，然而价格高且与水泥基材料的相容性较差。天然高分子无毒、成本低且成膜性好，但力学性能较差。半合成高分子可降解、对环境友好且毒性小。无机材料力学性能优异且与水泥基材料相容性好。采用双壁材制备微胶囊可提升自修复微胶囊的长期有效性。

囊芯材料也是自修复微胶囊研究的重点方面。深圳大学 2008 年的专利申请 CN101289300A 以环氧树脂为囊芯，聚氨酯为囊壁制备微胶囊，微胶囊材料在损坏过程中释放出环氧树脂，与固化剂在微裂纹中发生化学反应，修复了破坏的结构，实现了混凝土材料的自修复功能。纳米及先进材料研发院有限公司 2015 年的专利申请 US2015344365A1 提供了一种自修复材料，其包含由聚合物壳包封的硅溶胶作为自修复剂。该自修复材料可以进一步嵌入混凝土混合物中以修复混凝土中的微裂纹。浙江益森科技股份有限公司 2017 年的专利申请 CN106830797A 采用沥青和沥青再生剂作为芯材，聚脲甲醛树脂作为壁材用于无砟轨道砂浆中，砂浆固化后受到过大的载荷或者有开裂的趋势，砂浆中的聚合物自修复胶囊受到过大的应力破裂，聚合物自修复胶囊中的沥青和沥青再生剂从中流出，及时进行修补和固化，延长使用寿命，减少修缮的成本。华南理工大学 2018 年的专利申请 CN108383411A 公开了水泥基微裂缝自修复的微胶囊以偏铝酸钠、硅酸钠和硝酸钙中的一种或多种为囊芯，以脲醛树脂为囊壁，区别于大部分用于水泥基自修复的微胶囊所采用的胶黏剂与固化剂配合实现固化或者采用光固化来实现堵塞微小裂缝。该产品不会出现在水泥基材料较长正常服役时间后由于微胶囊囊壁失效而产生的失去防水效果的现象。韩国土木工程与建筑技术研究院 2020 年的专利申请 KR20220059855A 将甲基丙烯酸酯作为囊芯材料，以聚（脲 – 甲醛）作为囊壁的微胶囊用于超高性能混凝土中。该微胶囊在混凝土中具有优异的修复功能。当在混凝土中形成裂缝时，微胶囊破裂，使得裂缝自愈合。水利部交通运输部国家能源局南京水利科学研究院 2022 年的专利申请 CN114873965A 采用自修复微胶囊，囊芯中的修复剂包括硅灰、轻烧氧化镁、矿粉、硅酸钠及纤维素醚，囊壁为快硬水泥基材料。该囊芯被外界水溶液浸入时，囊芯中的修复剂被激活，氧化镁与水反应体积变大，堵塞孔隙缺陷，硅灰与水泥水化产物 $Ca(OH)_2$ 发生火山灰反应，矿粉与硅酸钠以及水泥中的碱发生碱激发反应，对结合面处的缺陷进行修复，从而抑制结合面破坏的发展。

分析可见，自修复微胶囊的囊芯主要分为疏水物质和亲水物质。以疏水物质为囊芯的微胶囊自修复效率高且化学稳定性高，以亲水物质为囊芯的微胶囊自修复效率优异且具有长期有效性。因此，研究人员针对不同的修复目的可制作相应的囊芯修复剂。

3.1.7　重要创新主体的技术发展分析

本节根据自修复微胶囊申请人申请量排名及申请趋势重要指标，筛选出具有代表性和借鉴意义的重要申请人——同济大学。以重要申请人的专利布局和研发方向为切入点，以期得到具有参考借鉴意义的技术研究方向和专利布局引导。

同济大学有关水泥基或沥青基自修复微胶囊的专利申请数量最多，并且保持了对自修复微胶囊的持续关注。其自 2012 年开始对自修复微胶囊进行专利布局，涉及囊芯、囊壁和制备方法的技术手段。下面从囊芯、囊壁和制备方法三个维度对同济大学有关自修复微胶囊的技术路线进行分析。

对于囊芯的技术手段，同济大学 2012 年申请了 4 件相关专利，2022 年申请了 1 件相关专利。2012 年的申请中，CN102992673A 和 CN102992675A 采用与氯离子或硫酸根离子发生反应，并生成沉淀的盐的水溶液作为囊芯，以聚脲甲醛作为囊壁制备微胶囊。该微胶囊可实现混凝土智能控制硫酸盐或氯盐浓度，在降低硫酸盐或氯盐腐蚀程度的同时产生沉淀，阻塞硫酸盐腐蚀的通道，并且微胶囊可以保护内部修复剂免受外界环境的影响，使修复剂抗硫酸盐腐蚀能力长时间有效。申请 CN103043937A 和 CN103011652A 公开了一种微生物微胶囊，采用微生物为囊芯，聚脲甲醛为囊壁制备抗硫酸盐微胶囊，可以实现混凝土智能控制硫酸盐浓度，降低硫酸盐腐蚀程度；微胶囊可以保护内部微生物和培养基免受外界环境的影响，使微生物和培养基抗硫酸盐腐蚀能力长时间有效。2022 年的申请中，CN116396535A 公开了一种磁响应型控释微胶囊，以高分子树脂壁材为壳材，以沥青再生剂为芯材，引入纳米四氧化三铁颗粒为复配成核剂，采用超声水浴混合处理得到磁响应型控释微胶囊。采用超高频交变磁场不仅能够主动控制微胶囊的释放，而且得益于微胶囊中纳米四氧化三铁的磁热效应，还能加热微胶囊及周围沥青，在释放再生剂的同时软化老化沥青，促进再生剂与沥青的相互浸润和渗透修复，大大提高再生效率。

对于囊壁的技术手段，同济大学 2016 年申请了 3 件相关专利，2022 年申请了 1 件相关专利。2016 年的申请中，CN105565326A 和 CN105565690A 采用多孔 SiO_2 微球作为修复剂负载载体，结合了矿物自修复修复主体也能参与修复反应的特点和微胶囊自修复缓释激励机制明确的特点，用于水泥基材料结构的裂缝自修复，并且修复速率可根据具体环境控制，修复效果可以长时间有效。CN105645802A 公开了一种自溶型微胶囊，采用聚乳酸－羟基乙酸共聚物与聚乙烯醇的交联结构作为微胶囊囊壁，环氧树脂作为囊芯。囊壁在碱性溶液中由于化学反应而刻蚀，内部包封的修复剂流出，因此该自溶型微胶囊较现有自修复微胶囊相比，避免了处于混凝土内裂纹尖端的小概率情况，普遍地广泛地分布在裂纹区域，提高了自修复的范围与覆盖面积，进而提高了自修复效率，并且与传统自修复微胶囊相比，该发明制备的自溶型微胶囊具有更好的耐久性，在水环境中更能够保持稳定存在。2022 年的申请中，CN114837033A 公开了一种长效复合型微胶囊沥青路面自修复剂，包括双囊壁和双囊芯。在微裂缝损伤发生后，外部大微胶囊首先破裂并释放沥青再生剂，实现了老化沥青的原位再生及裂缝的自修复，改善沥青混合料力学性能和耐久性能，并且包裹在长效复合型微胶囊自修复剂中的内部小微胶囊延长了沥青混合料自修复的时效性，解决了传统微胶囊型自修复仅能实现一次破裂自修复的局限。

对于制备方法的技术手段，同济大学于 2014 年开始布局第一件专利申请。2014 年的申请中，CN103979824A 以苯乙烯为囊壁，环氧树脂为修复剂，采用原位聚合法制备具有自修复效果的微胶囊，合成方法简单，且很好地解决了合成过程中有毒物质的不利影响。2015 年的申请中，CN104744729A 采用原位聚合法，制备三聚氰胺甲醛树脂包含再生剂的微胶囊，具有较好的高温稳定性和一定的力学强度，有效增强了沥青的自愈合能力。2016 年的申请中，CN105964194A 采用复凝聚法制备出具有修复效果的微胶囊，合成方法简单，且避免了合成过程中甲醛溶液挥发引起的危害，同时改善了以脲醛树脂、酚醛树脂及聚脲等为囊壁的微胶囊制备中原材料易挥发变质的不利影响，具有绿色环保性。2017 年的申请中，CN107617398A 采用原位聚合法，制备三聚氰胺 - 尿素 - 甲醛树脂包含沥青再生剂的微胶囊，该微胶囊具有较好的高温稳定性和一定力学强度，有效增强了沥青的自愈合能力。

分析可见，同济大学对于自修复微胶囊的囊壁、囊芯和制备方法都进行了专利布局，主要研究方向为如何提升自修复微胶囊的稳定性、敏感性和修复性。值得注意的是，如何提升微胶囊的长期有效性、主被动结合释放微胶囊再生剂和多次缓释修复剂，也是近些年的研究重点。

3.1.8　小　结

本节对微胶囊自修复材料进行分析，小结如下：

（1）全球和中国微胶囊自修复材料均经历了技术萌芽期和技术发展期。全球的专利布局较早，国内起步较晚，但增量很快。

（2）同济大学为全球范围内水泥基或沥青基自修复微胶囊申请量最多的申请人，武汉理工大学位居第二，深圳大学位居第三。北京工业大学、长安大学、东南大学、山东大学、河海大学、南昌大学和青岛理工大学等也为该领域的重要申请人。申请人以中国申请人为主，其中高校占据大多数。

（3）微胶囊自修复材料的实现路径包括囊芯、囊壁、制备方法以及胶囊的形状及粒径设计，其中，又以囊芯和囊壁作为主导，制备方法以及胶囊的形状和粒径设计位列其后。自修复微胶囊制备方法主要有界面/原位聚合法、双乳液法、锐孔－凝聚浴法和喷雾干燥法。

（4）从技术发展脉络图可以看出，微胶囊自修复材料最早研究方向为囊壁和囊芯，后陆续开始研究制备方法和胶囊形状及粒径设计。其中，囊芯的相关专利申请数量最多，其次为囊壁的相关专利申请。

（5）现有技术主要围绕对囊壁和囊芯的改进，以进一步提升微胶囊的自修复效率、机械性能和化学稳定性。同时，微胶囊在成膜性、可裂性、界面相容性和易于流动性方面的技术功效，也是现有专利申请中主要实现的效果，而自修复微胶囊在长期有效性和主动释放方面存在较多技术空白，这两个方面可能成为自修复微胶囊产品未来研究的方向。

（6）自修复微胶囊的囊壁主要研究方向为全合成高分子、天然高分子、半合成高分子和无机材料。全合成高分子具有成膜性好、化学稳定性好和力学性能好的特性，然而价格高且与水泥基材料的相容性较差。天然高分子无毒、成本低且成膜性好，但力学性能较差。半合成高分子可降解对环境友好，且毒性小。无机材料力学性能优异且与水泥基材料相容性好。采用双壁材制备微胶囊可提升自修复微胶囊的长期有效性。

（7）自修复微胶囊的囊芯主要分为疏水物质和亲水物质。以疏水物质为囊芯的微胶囊自修复效率高且化学稳定性高，以亲水物质为囊芯的微胶囊自修复效率优异且具有长期有效性。

（8）同济大学作为重要创新主体之一，对于自修复微胶囊的囊壁、囊芯和制备方法都进行了专利布局，主要研究方向为如何提升自修复微胶囊的稳定性、敏感性和修复性。值得注意的是，如何提升微胶囊的长期有效性、主被动结合释放微胶囊再生剂和多次缓释修复剂，也是近些年的研究重点。

3.2　微生物自修复材料

微生物诱导碳酸钙沉淀（MICP）技术在近些年是国外土木工程领域的研究热点，具有生产能耗低、低碳环保等优势，逐渐引起国内学者的注意。混凝土裂缝微生物自修复技术是基于 MICP 技术原理，利用微生物沉积出碳酸钙以实现填充修复裂缝的目的。相比于其他修复方式，该技术的修复过程不会对环境造成伤害，在未来具有很大的潜力。本节将对国内外微生物自修复材料专利申请进行研究。

3.2.1　专利技术整体态势

本节专利数据检索时间截至 2023 年 9 月 30 日。在专利数据库中通过对相关专利/专利申请进行检索及筛选，得到全球微生物自修复材料相关专利申请 285 件，中国申请数量 193 件。由于 2023 年的部分数据还没有进入公开阶段，故 2023 年的数据不完整，不代表这个年份的全部申请。

一种技术的生命周期通常包括萌芽、发展、成熟、衰退四个阶段。分析一种技术的专利申请数量的年度变化趋势，可以分析该技术处于生命周期的何种阶段，进而可为研发、生产、投资等提供决策参考。

图3-2-1给出了微生物自修复技术专利申请量在全球和中国年度变化趋势。从图中可以看出，微生物自修复技术在中国专利申请量总体趋势与全球申请量总体趋势相近，也经历了技术萌芽期和技术发展期两个阶段。

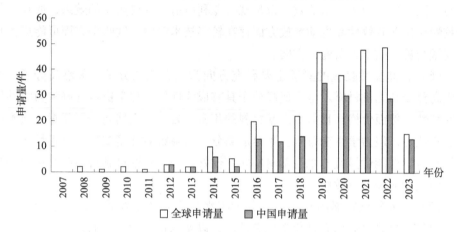

图3-2-1 微生物自修复技术全球和中国专利申请趋势

1）技术萌芽期（2008—2015年）

2008—2015年，微生物自修复技术相关专利的申请数量及申请人数量较少，且国外申请占绝大多数，国内申请量较少。全球每年申请量与申请增长量一直维持在较低水平，呈现缓慢增长的态势，直至2014年，为该阶段专利申请量最多，也是专利申请增量最多的一年，然而申请量也仅为10件。可以看出，全球与中国的技术萌芽期持续时间都较长，该阶段内相应的政策支持较少，社会投入意愿也较低。

2）技术发展期（2016年至今）

中国在微生物自修复技术领域的研究起步与发达国家相比较晚，直至2016年才终于迎来了微生物自修复技术专利申请的快速增长阶段。在进入技术发展期的2018年后，中国专利申请呈现出大幅度的增长，成为研究微生物自修复材料用于水泥基材料的主力军。2016—2022年，中国申请量始终保持全球申请量首位，在数量上展现出绝对的控制力。2023年，在部分专利尚未公开的情况下，中国年度申请量已经达到了13件。随着微生物自修复技术研发广度的不断扩展和研发深度的不断加深，对自修复微生物的研究在全国范围内持续升温。可以预测未来几年内，微生物自修复技术相关专利在中国申请数量仍将会继续保持较高的申请量趋势。

图3-2-2是微生物自修复技术全球专利申请国别分布情况。由图可知，微生物自修复技术领域的专利申请主要集中在中国、印度、韩国和美国。中国在微

生物自修复技术领域的申请量以 189 件高居第一位，占总申请量的73%，这显示出我国非常重视微生物自修复领域的技术研究，在微生物自修复领域已具备了一定的技术积累。印度和韩国在微生物自修复应用领域的申请量并列排名第二，美国排名第四，表明它们在微生物自修复领域也进行了布局。

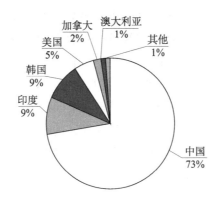

图 3 - 2 - 2　微生物自修复技术全球专利申请国别分布

3.2.2　法律状态分析

对中国微生物自修复技术相关专利申请进行法律状态和专利申请有效性分析，结果如图 3 - 2 - 3 所示，授权专利为 135 件，其中维持有效的专利为 118 件，维持在较高水平。各申请人对自修复微生物保持了相对较高的重视程度。

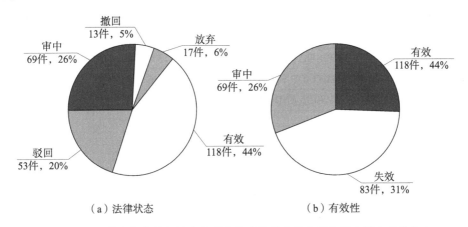

（a）法律状态　　　　　　　　（b）有效性

图 3 - 2 - 3　微生物自修复技术专利申请法律状态分布及专利申请有效性分布

3.2.3　申请人分析

如表 3 - 2 - 1 所示，根据微生物自修复材料专利申请量对申请人进行排名，就全球而言，排名前十的申请人中，中国申请人占 6 位，国外申请人占 4 位（来自韩国和荷兰）。排名第一的申请人东南大学申请量为 16 件。排名第二的西安建筑科技大学申请量为 13 件，其他申请人申请量均不足 10 件，且较为平均。排名第一的申请人东南大学，自 2012 年开始进行微生物自修复材料专利申请，且保持了较为持续的研究，专利申请延伸至 2023 年。其采用的关键技术主要为微生物种类的选择和复合，以及微生物载体选择和改性，并且其专利授权率占比 90% 以上。排名第二的申请人西安建筑科技大学的 13 件专利申请集中于 2019 年和 2020 年，技术主题主要为微生物载体的选择，研究较为专注，并且其专利授权率占比 90% 以上。排名第三、第七、第八和第十的均为中国高校，专利布局主题主要涉及微生物载体的选择和改性处理。第四、第五、第六为韩国大学申请人，其关键技术手段主要为微生物种类的选择，其专利在韩国同样均处于授权后维持有效状态，但也仅在韩国进行专利布局。可以看出，申请量排名前十的申请人均为全球高校，说明目前高校科研人员成为研究自修复微生物用于混凝土材料的主力军。然而，企业在该领域中的研发和专利申请相对不足，技术成熟程度不高。大规模开展自修复微生物专利申请的企业稀缺。对此，可考虑刺激企业在该领域的研发积极性，加强高校及科研院所与企业的交流与研发合作以助力企业成果产出。

表 3 - 2 - 1 微生物自修复材料专利申请量排名前十的申请人

申请人	申请量/件
东南大学	16
西安建筑科技大学	13
同济大学	7
KYONGGI UNIVERSITY INDUSTRY & ACADEMIA COOPERATION FOUNDATION	6
KOREA ADVANCED INSTITUTE OF SCIENCE AND TECHNOLOGY	5
KOREA UNIVERSITY RESEARCH AND BUSINESS FOUNDATION	5
太原理工大学	5
浙江工业大学	5
TECHNISCHE UNIVERSITEIT DELFT	4
南京理工大学	4

3.2.4　技术构成

对微生物自修复技术全球相关专利申请进行技术主题分析统计，结果如图 3 - 2 - 4 所示。按技术主题分布情况来看，微生物自修复技术相关申请大体集中于微生物种类的研究，其中涉及微生物种类的相关申请占据 45%，主要的微生物种类可以分为光合生物、硫酸盐还原菌、硝酸盐还原菌和脲酶菌等。随着材料科学的发展以及对自修复微生物研究的深入，更多种类的自修复微生物得以应用，同时微生物周围的温度、负载微生物的载体，以及 pH 和钙离子种类对微生物的自修复效果的影响也被探索，其中有关温度调节的相关申请占比 11%；负载微生物的载体相关申请占比 19%；钙源种类及钙离子浓度的相关申请占比 13%；调节 pH 的相关申请占比 10%。微生物自修复材料由于其更加绿色环保，不会出现因修复材料耗尽而丧失修复能力的问题，并且微生物的繁殖能力使微生物数量足以满足修复混凝土的要求，因此其在混凝土的应用中得到了广泛的研究。

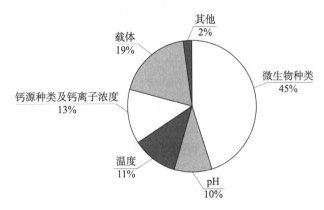

图 3 - 2 - 4 专利申请技术主题分布

3.2.5 技术发展脉络

对微生物自修复材料的相关专利申请进行技术标引，得到其具体技术构成。如图 3 - 2 - 5 所示，为满足修复效果，微生物自修复材料的实现路径包括选择适宜的微生物种类、选择载体、选择钙源种类及调节钙离子浓度，以及调节 pH 和温度等技术手段。其中，又以微生物种类和载体的选择作为主导，选择钙源种类及调节钙离子浓度，以及调节 pH 和温度位列其后。

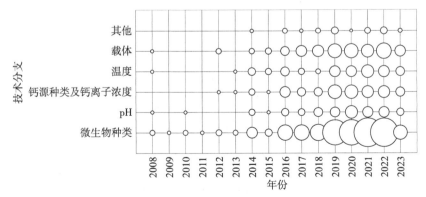

图 3 - 2 - 5 微生物自修复技术的改进方向变化趋势

注：图中圆形大小对应申请量多少。

从图 3 - 2 - 5 可以看到，微生物自修复技术领域从 2018 年开始对微生物内外因素进行研究，在 2019 年以后出现大量专利申请，尤其在中国开始掀起研究热潮，并且近 10 年来各技术分支保持了相对稳定的年申请量，逐渐进入成熟阶段。

不同类型的微生物对营养物质的代谢能力各不相同，在诱导碳酸钙形成和混凝土修复效果方面也会有所差异。载体作为储存并维持细菌活性的场所，其性质对微生物混凝土的修复效率、力学性能和耐久性能更至关重要。钙离子作为沉积碳酸钙的重要物料，其浓度直接影响了沉积速度。混凝土裂缝内部的 pH 和温度环境对修复裂缝的微生物活性也具有较大影响。可以看出，微生物作为修复主体受外界影响较大，研究影响微生物矿化的内外因素对裂缝修复效果有着直接的意义。

3.2.6　技术功效分析

由图 3 - 2 - 6 可以看出，通过对微生物自修复材料的技术功效进行分析发现，提升微生物活性和提高裂缝修复效率是最受关注的性能，而这与路面修复的要求是相契合的。提升微生物活性和提高裂缝修复效率的最主要措施为微生物种类的选择，以及载体的选择和改性。其他较受关注的性能涉及提升水泥基材料整体耐久性，力学性能和抗水渗透性也占据一席之地，然而在提高微生物载体与混凝土基质兼容性存在较多技术空白。微生物自修复水泥基材料裂缝因具有较大的修复潜力和环境友好而受到关注，然而微生物的活性难以维持，因此现有技术主要围绕对微生物种类的选择和微生物环境条件的调节，以实现提升微生物活性，从而提升裂缝修复效率的技术效果。提高微生物载体与混凝土基质相容性和微生物在混凝土中保持长期活性方面可能成为自修复微生物产品未来研究的方向。

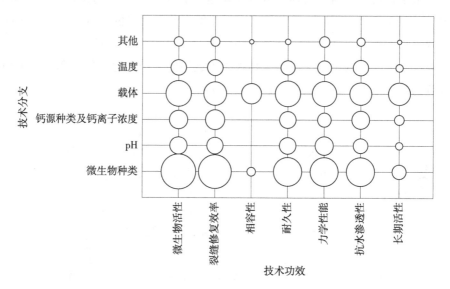

图 3 - 2 - 6　微生物自修复技术功效矩阵

注：图中圆形大小对应申请量多少。

3.2.7　重要创新主体的技术发展分析

本节根据微生物自修复材料申请人申请量排名及申请趋势重要指标，筛选出具有代表性和借鉴意义的重要申请人——东南大学。以重要申请人的专利布局和研发方向为切入点，以期得到具有参考借鉴意义的技术研发方向和专利布局引导。

东南大学有关微生物自修复材料的专利申请量最多，并且该校保持了对微生物自修复材料的持续关注。其自 2012 年开始对微生物自修复材料进行专利布局，主要涉及的技术手段为调整微生物种类和选择合适的负载载体。下面根据微生物种类和载体两个维度对东南大学有关微生物自修复的技术路线进行分析。

对于载体的技术手段，东南大学 2012 年申请 1 件相关专利，至 2022 年共申请 6 件相关专利。2012 年的申请中，CN102584073A 采用炉渣或陶粒作为载体负载菌液，载体的粒径为 1.18—2.36mm，使微生物能够很好地与水泥相混合。2014 年的申请中，CN104261736A 采用细菌、底物和营养物质分别固载的方式，以陶粒为载体，长期有效地保护了细菌，对材料早期和后期出现的疲劳损伤均有良好的修复作用。较现有微生物法修复水泥基材料裂缝，该法有效地提高了对试件裂缝的修复速度和持久性。2019 年的申请中，CN110386771A 提供了一种核壳结构的自修复微生物，以无机低碱性胶凝材料作为外层球壳保护材料，对微生物进行包裹，为微生物孢子提供充足的物理生存空间以及适宜的理化环境，从而可保证该修复材料长期保持修复活性，为微生物在混凝土内部高碱性条件下提供长效保护，对混凝土不同龄期裂缝进行自修复。为了进一步提升自修复微生物的力学性能，2021 年的申请中，CN112811842A 采用掺有强度协同增长组分的低碱性无机胶凝材料作为微生物载体，能够使微生物在与混凝土的搅拌过程中保持完整并及时响应，同时，其掺入混凝土后可与混凝土基体强度同增长，不会劣化混凝土强度。CN113416014A 采用水泥对修复剂进行固载保护，防止微生物被提前激活导致自修复效果下降，同时水泥外壳与混凝土基体具有相容性，对混凝土构件的性能造成的影响较小。2022 年的申请中，CN114956737A 采用碳化改性的泡沫混凝土为载体，碳化改性后泡沫混凝土载体对微生物吸附率高，并且微生物活性高，从而裂缝修复效能高；另外，碳化改性后泡沫混凝土载体强度高，掺杂入混凝土材料后对混凝土力学性能影响小。

对于微生物选择的技术手段，东南大学 2013 年申请 1 件相关专利，至 2023 年共申请 6 件相关专利。申请 CN103342484A、CN104402287A 采用胶质芽孢杆菌作为自修复微生物，其产生的碳酸酐酶捕捉 CO_2，促进 CO_2 向 CO_3^{2-} 的转化，加速碳酸盐矿化，与已有微生物修复水泥基材料裂缝技术采用巴氏芽孢杆菌分解底物乳酸钙诱导产矿相比，修复裂缝效率高。申请 CN103880370A 采用细菌芽孢作为自修复微生物，申请 CN110054444A 采用赖氨酸芽孢杆菌作为自修复微生物，都具有抗性强特性，能够抵抗水泥基材料的极端环境，在低温环境保持较高的修复裂缝效率，从而提升混凝土的耐久性。申请 CN111775270A 采用具有产酸功能的微生物菌种和矿化沉积功能的微生物菌种制备复合微生物。该复合微生物加速钙镁物相离子溶出，促进稳定碳酸盐矿物及活性矿物生成，大幅提高了裂缝修复率。申请 CN113149499A 采用产絮凝物质的微生物菌剂，利用微生物菌体本身和分泌产物的吸附架桥作用和絮凝团聚能力，在修复过程中不断吸附钙离子，减少钙离子溶出，增加修复产物，进而提高混凝土的力学性能和耐久性。

分析可见，东南大学相关申请自 2012 年开始，且主要集中于 2015 年后，其中对于微生物的种类和载体方向都进行了持续布局，重点布局方向在于通过调整载体的结构、改性载体组分等技术手段，达到提升与混凝土基体的相容性、提高载体本身的力学强度，以及为微生物提供充足的物理生存空间和适宜的理化环境等技术效果。探究新型微生物以及复合微生物的技术手段，提升其裂缝修复效率，从而形成紧密堆积黏结性更好的修复产物，提升混凝土的力学性能和耐久性能。值得注意的是，新型微生物的反应速率和效率，以及改善载体的力学性能和低碱环境，也是近些年的研究重点。

3.2.8 小　　结

本节对微生物自修复材料进行分析，小结如下：

（1）全球和中国微生物自修复材料专利申请趋势均经历了技术萌芽期和技术发展期。全球的专利布局较早，国内起步较晚，但增量很快。

（2）申请人以中国申请为主，中国申请人中高校占据大多数，并且申请量排名前十的申请人均为全球高校，说明目前高校科研人员成为研究自修复微生物用于混凝土材料的主力军。然而，企业在该领域中的研发和专利申请相对不足，技术成熟程度不高，大规模开展自修复微生物专利申请的企业稀缺。

（3）微生物自修复材料的实现路径包括选择适宜的微生物种类、选择载体、选择钙源和调节钙离子浓度，以及调节 pH 和温度等技术手段。其中，又以微生物种类和载体的选择作为主导，选择钙源和调节钙离子浓度，以及调节 pH 和温度位列其后。

（4）从技术发展脉络图可以看出，微生物自修复材料领域从 2008 年开始对微生物内外因素进行研究，在 2019 年以后出现大量专利申请，尤其在中国开始掀起研究热潮。近 10 年来各技术分支保持了相对稳定的年申请量，各技术发展逐渐进入成熟阶段。

（5）从技术功效矩阵图可以看出，现有技术主要围绕对微生物种类的选择和微生物环境条件的调节，以实现提升微生物活性，从而提升裂缝修复效率的技术效果。提高微生物载体与混凝土基质相容性和微生物在混凝土中保持长期活性方面可能成为自修复微生物产品未来研究的方向。

（6）重要创新主体之一东南大学对于微生物的种类和载体方向都进行了持续布局，重点布局方向在于通过调整载体的结构、改性载体组分等技术手段，达到提升与混凝土基体的相容性、提高载体本身的力学强度，以及为微生物提供充足的物理生存空间以及适宜的理化环境等技术效果。探究新型微生物以及复合微生物的技术手段，提升其裂缝修复效率，从而形成紧密堆积黏结性更好的修复产物，提升混凝土的力学性能和耐久性能。值得注意的是，新型微生物的反应速率和效率，以及改善载体的力学性能和低碱环境，也是近些年的研究重点。

3.3　形状记忆材料

形状记忆材料是一种新型智能材料。当混凝土产生裂缝时，对形状记忆材料进行外部刺激后，形状记忆材料将产生较大的回复力，从而迫使裂缝进行闭合，减少裂缝尖端的应力集中效应，避免裂缝的继续发展。目前，形状记忆材料主要有形状记忆合金和形状记忆聚合物。

3.3.1　专利技术整体态势

本节专利数据检索时间截至 2023 年 9 月 30 日。在专利数据库中通过对相关专利/专利申请进行检索及筛选，得到形状记忆材料全球相关专利申请 34 件，中国申请数量 30 件。由于 2023 年的部分数据还没有进入公开阶段，故 2023 年的数据不完整，不代表这个年份的全部申请。

如图 3 - 3 - 1 所示，2009—2015 年，形状记忆材料相关专利的申请数量及申请人数量较少，直至 2016—2020 年迎来了专利申请量增长阶段，其中 2019 年有所下降。然而申请量最多的年份 2020 年，也仅申请了 7 件专利。因此，该技术还处在技术萌芽期，社会投入意愿低，专利申请数量与专利权人数量都很少。

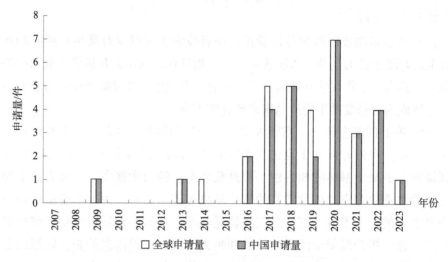

图 3 - 3 - 1　形状记忆材料全球和中国专利申请趋势

3.3.2　技术发展脉络

　　形状记忆材料主要有形状记忆合金和形状记忆聚合物。形状记忆合金由于强度高、回复力大，可以做自愈合驱动，然而存在制备成本高且加工困难的问题。形状记忆聚合物与形状记忆合金相比质量轻、制造方便、价格低廉，并且除热之外，对光、pH、电磁场等其他刺激也有反应，但是其形变回复力较小。因此，形状记忆合金和形状记忆聚合物各有优缺点。下面对形状记忆合金和形状记忆聚合物两个维度的技术路线进行分析（见图 3 - 3 - 2）。

图 3 - 3 - 2　形状记忆聚合物和形状记忆合金的技术路线

　　对于形状记忆聚合物选择的技术手段，重庆交通大学 2013 年的申请 CN103224345A 采用形状记忆聚氨酯线材作为形状记忆聚合物，与封装有胶黏剂的玻璃管复合，用于钢筋混凝土中，使混凝土结构体对裂缝扩张具备一定的抑制能力和自愈能力，成本低廉、铺设方便。美国路易斯安那州立大学 2014 年的申请 US20140303287A1 使用形状记忆聚合物纤维和熔融热塑性颗粒来共同提升聚合物复合材料的修复性能。东南大学 2017 年的申请 CN107324694A 将热致型苯乙烯树脂基形状记忆聚合物用于沥青混合料中，通过人工加热使路面温度高于玻璃化转变温度并保持一段时间后，会激活沥青混合料的形状记忆性能，进一步压实的部分可以恢复到产生车辙之前的状态。韩国建设生活环境试验研究院 2018 年的申请 KR101990295B1 采用具有热收缩性的聚对苯二甲酸乙二醇酯（PET）作为形状记忆聚合物纤维，用于混凝土中，可提升混凝土的长期耐久性和稳定性。南京林业大学 2019 年的申请 CN110373033A 采用记忆杜仲胶作为形状记忆聚合物，以此提高沥青的形状记忆性能，可以使开展的裂缝在路面温度达到一定程度时实现自愈合。

对于形状记忆合金选择的技术手段，青岛理工大学的王子国 2018 年的申请 CN111187022A 采用具有腐蚀致型形状记忆功能纤维，通过环境中掺入混凝土的腐蚀性介质驱动记忆纤维发生收缩形变，对混凝土施加预应力，机械闭合混凝土裂纹，为混凝土的智能自愈合提供全新的方法。福州大学 2019 年的申请 CN109836102A、2022 年的申请 CN114293539A 都是采用 NiTi 形状记忆合金纤维用于工程水泥基复合材料，能够显著增强结构在发生危险事故后的恢复能力和耐久性，降低修复成本。东南大学 2020 年的申请 CN111925171A 和 CN111943594A 采用 SMA 纤维和炭黑用于水泥基材料，将炭黑掺入基体中，结合可导电的 SMA 纤维，一方面提高基体的导电性能，另一方面通过分析材料开裂后和恢复后电阻率的变化来判断其恢复情况，起到智能监测作用。

分析可见，研究人员对于形状记忆合金和形状记忆聚合物都进行了专利布局，其研究方向主要为探究记忆聚合物和形状记忆合金的种类。然而，与其他自修复材料复合共同提升基材的抗裂性能或抗车辙性能、添加导电材料与形状记忆合金共同提升水泥基材料的自诊性和智能修复性等方向的专利比较少，可能成为未来研究的方向。

3.3.3　小　　结

本节对形状记忆材料进行分析，小结如下：

（1）全球和中国形状记忆材料用于水泥基或沥青材料均经历了技术萌芽期，社会投入意愿低，专利申请数量与专利权人数量都很少。

（2）形状记忆材料主要有形状记忆合金和形状记忆聚合物。其研究方向主要在探究形状记忆合金和形状记忆聚合物的种类，同时与其他自修复材料复合、添加导电材料装置与形状记忆合金共同提升水泥基材料的自诊性和智能修复性等方向，可能成为未来研究的方向。

3.4　化学修复材料

道面的化学修复是采用高分子材料对路面进行修复。技术发展初期主要为单一的高分子材料，如环氧树脂类、丙烯酸酯类、聚氨酯类，用于裂缝、接缝和罩面的修复，起到快速固化和力学补强的作用。随着技术的发展和需求的提高，修复技术不仅局限于固化速度和修复材料对道路表面强度影响，而是更着眼于与路面相容性、耐久性、抗冻融性、环保性等综合性能的提高，改性高分子材料以及有机－无机复合材料逐渐应运而生。

3.4.1 专利技术整体态势

本节专利数据检索时间截至 2023 年 9 月 30 日。由于 2023 年的部分数据还没有进入公开阶段，故 2023 年的数据不完整，不代表这个年份的全部申请。

图 3－4－1 显示了道面化学修复材料技术在全球和中国的专利申请量趋势和主要区域分布。关于道面化学修复材料技术的专利申请始于 20 世纪中期，1980年及以前是技术萌芽期，全球专利申请量较少；1981—2008 年是缓慢发展期，

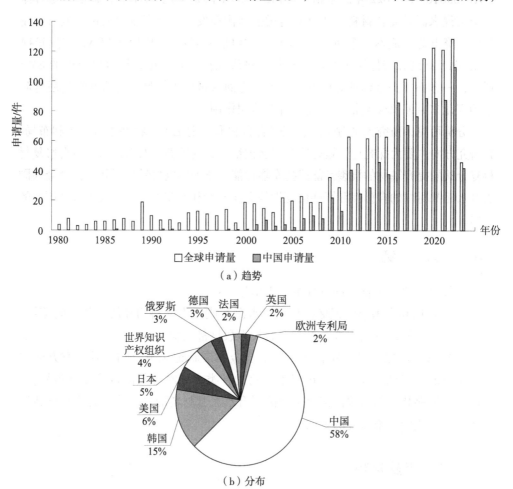

（a）趋势

（b）分布

图 3－4－1 道面化学修复材料技术全球和中国专利申请趋势和分布

专利申请量开始有了较明显的增长；2009 年至今是快速发展期，专利申请量增长很快，年均申请量从几十件增长至上百件，技术得到长足发展。中国的专利申请始于 1986 年，2000 年以前是技术萌芽期，此后进入缓慢发展期，虽起步较晚，但快速发展期与全球趋势基本同步，也是从 2009 年开始申请量呈快速增长态势。中国专利申请的不断涌现也相应推动了全球该技术领域的快速发展。

根据主要区域分布可以看出，道面化学修复材料在全球的专利申请主要集中在中国、韩国、美国、日本等制造业大国。中国作为技术后发国家，申请量占比遥遥领先，占总申请量的 58%，这显示出我国非常重视交通基础设施建设和道面修复材料的技术研究，在该技术领域具有显著的技术优势。我国幅员辽阔，路面基础建设和维护需求量大，并且国家大力发展城乡道路交通基础建设，推动绿色、节能、安全的发展战略，对新材料和智能材料的政策性支持也逐渐提高，这为我国在短短几年时间内一跃成为该技术领域的申请量第一大国奠定了基础。韩国申请量位居第二，占总申请量的 15%。美国和日本紧随中国、韩国两国，且申请量也远高于其他国家和地区。这表明韩国、美国、日本在道面化学修复材料领域也具有良好的技术积累，在该领域进行了布局，并且韩国、美国、日本身就属于制造业技术水平比较发达的国家，具有较高的技术敏感度和研发水平，因此同样属于专利申请量大国。

3.4.2　法律状态分析

如图 3 - 4 - 2 所示，从道面化学修复材料中国专利申请的法律状态分析来看，其中授权专利共 447 件，其中维持有效的专利为 370 件，占比 40.3%，维持在较高水平，可见申请人对道面化学修复材料保持了相对较高的重视程度。

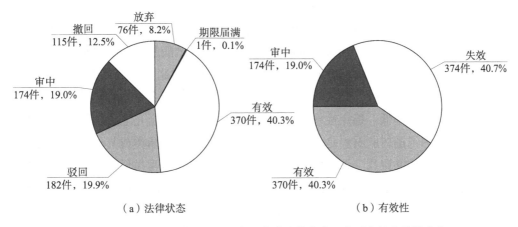

图 3 - 4 - 2　道面化学修复材料专利申请法律状态及专利申请有效性分布

3.4.3　技术构成

图 3 - 4 - 3 显示了道面化学修复材料专利申请中采用的技术手段，主要集中于：①高分子选择：对修复材料中主体高分子材料的种类进行选择；②添加助剂：添加各类助剂以提高相应的性能；③添加骨料：添加骨料以提高相应的性能；④化学改性：对材料进行化学改性；⑤工艺控制：对工艺进行合理设计。

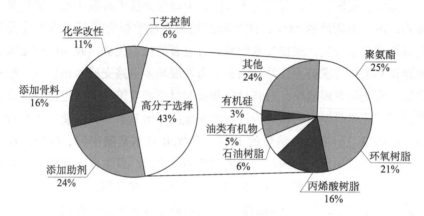

图 3 - 4 - 3　道面化学修复材料专利申请技术构成

其中，高分子选择的相关专利申请的占比最大。道面的化学修复涉及采用高分子为主体的材料对路面进行修复，起到快速固化和力学补强的作用，因此，高分子的性能特点对修复材料起着非常重要的作用。根据图 3 - 4 - 3 可知，该领域主要采用的高分子材料为聚氨酯、环氧树脂、丙烯酸树脂、石油树脂。聚氨酯树脂是一种主链上含有较多的氨基甲酸酯基团的高分子合成材料，一般由聚酯、聚醚和聚烯烃等低聚物多元醇与多异氰酸酯及二醇或二胺类扩链剂逐步加成聚合而成。聚氨酯树脂具有可发泡性、弹性、耐磨性、黏结性、耐低温性、耐溶剂性、耐生物老化性等，但聚氨酯材料价格稍贵，且含有异氰酸酯基的材料很活泼，遇水或潮气会胶凝，因此对储存和施工要求较高。环氧树脂大多属缩水甘油基型，属于热固性树脂的一种，具备极强的吸收水分和湿度的能力，具有黏结力大、黏结界面广、收缩率低、稳定性好、黏结强度高等特点，但耐光老化性能和低温固化性能差。丙烯酸树脂材料是指丙烯酸和甲基丙烯酸及其酯类或其他衍生物聚合而成的均聚物或共聚物。该类修复材料具有以下特点：通常是低黏度液体，可以对微细裂缝进行修复，可在室温下快速固化，透明性好，耐介质、耐药品和耐大气老化性能优良，对多种材料有良好的黏结强度，但抗粘连性差，容易热黏和冷脆。石油树脂是近年来新开发的一种化工产品，来源为石油衍生物，具有酸值低、混溶性好，耐水、耐乙醇和耐化学品等特性，对酸碱具有化学稳定性，并有调节黏性和热稳定性好的特点，但由于是线型分子，其分子间及其与极性材料间作用力相对较小，与极性材料的相容性较低。可见，各类高分子材料具有不同的性能特点，在使用时可根据路面特点、应用环境、效果需求等方面进行合理选择。

3.4.4 技术发展脉路

图3-4-4给出了1961—2023年道面化学修复材料专利申请涉及的主要技术改进方向的变化趋势。随着1980年开始的技术逐步发展，除针对工艺控制的专利申请数量增长后趋于平缓外，其余技术手段的相关专利申请数量均呈稳步增长趋势。高分子材料的种类及其特性对修复材料的固化效果、黏结强度以及修复后的性能起着决定性的作用，由此随着化学工业的发展和工程对修复材料的需求增加，修复材料从单纯的无机化合物材料逐渐向高性能的有机高分子材料发展，相关的专利研究和产品如雨后春笋般蓬勃发展。而工艺已经形成比较典型和成熟的模式，改进对技术水平和成本要求较高，不易突破，可能造成相关的研究较少，发展相对缓慢。

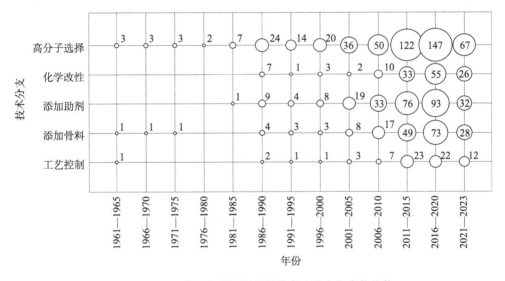

图3-4-4 道面化学修复材料技术改进方向变化趋势

图3-4-5为道面化学修复材料的技术演进路线，从高分子材料的选择、材料的化学改性、添加助剂、添加骨料和工艺控制五个方面梳理了技术发展趋势。

对于主体高分子材料的种类，1961年的申请GB980782A公开了一种聚氨酯黏接剂，可用于修复砖石、混凝土及水泥结构。1962年，美国信心钢铁铝业公司在申请GB1020545A中公开了一种以环氧树脂为主要成分的混凝土修复材料，其具有固化速度快、早期强度高、抗冲击性能好等特点。1979年，美国罗门哈斯公司在申请US4299761A中公开了一种丙烯酸酯共聚物组合物，其可用于修复磨损或损坏的混凝土路面，具有耐酸碱和盐以及耐有机溶剂的特性。1989 年，日本丸善石油化学株式会社在专利 JP2623505B2 中公开了一种路面用热熔型修补材料组合物，其使用的石油树脂作为黏附树脂，提供了理想的耐候性。同年，美国陶氏杜邦公司在专利 JPH075877B2 中公开了一种聚硅氧烷密封胶组合物，用该组合物密封的混凝土路面暴露于极端温差期间不会被热引起道路开裂。1991 年，日本油脂株式会社在申请 JPH04255709A 中公开了一种不饱和聚酯体系的具有高强度且尺寸稳定性优异的聚合物混凝土用合成树脂组合物。1997 年，VINZOYL技术服务公司在申请 US5895347A 中公开了一种含有液体松香的乳液，其高稳定性满足了铺路工业的性能要求。2012 年，北京仁创科技集团有限公司的申请CN103086642A 在一种可放氧快速固化修补材料中使用了酚醛树脂、脲醛树脂。2015 年，专利 RU2605112C2 公开了一种含有聚乙烯醇的可用于道路修补的防水材料，其具有高疏水隔热性和良好的机械性能。2016 年，申请 CN107429196A 和WO2017052373A1 分别在道路修复密封剂中使用了植物油和硅烷化改性的聚醚。2022 年，大连海事大学在申请 CN115746546A 中公开了一种树脂基沥青路面浅槽修补材料，以强度高、质量轻、热塑性好、具有耐化学性和耐久性的聚酰胺为基体树脂，解决了冷补料的修补效果差、耐久性差的问题。

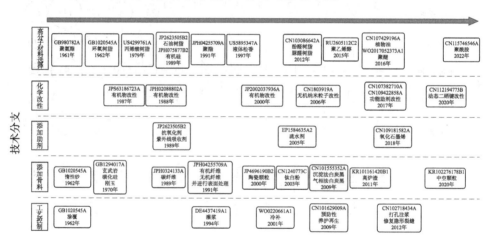

图 3 - 4 - 5　道面化学修复材料技术演进路线

为了满足对修复材料性能的需求，化学改性也是有效的重要手段。相关研究者最早是采用有机物对高分子进行化学改性以赋予其功能基团或功能分子链段。1987 年，申请 JPS63186723A 公开了一种混凝土修补材料，将多硫化物骨架引入具有双酚骨架的环氧树脂以对环氧树脂进行改性，提高了材料的附着力、耐化学药品性、耐磨性和耐久性。1988 年，申请 JPH02088802A 利用环氧改性多元醇树脂与异氰酸酯固化制备得到聚氨酯材料，作为道路修复材料具有良好的附着性、机械强度和耐久性，且低温下也能在短时间内固化。2000 年，三井化学株式会社在申请 JP2002037936A 中公开了对道路修复密封剂中的聚烯烃橡胶进行硅烷改性，改善了固化速度和可长期暴露在室外的耐久性。2006 年，浙江大学在申请 CN1803919A 中公开了一种纳米二氧化硅增强的聚氨酯道路填缝材料，通过引入特定的无机纳米粒子 SiO_2 使聚氨酯杂化结构形成交联网络，提高了材料的拉伸性能，并具有优良的黏结强度。2017 年，中国铁道科学研究院铁道建筑研究所在申请 CN107382710A 和 CN109422858A 中采用功能性助剂对高分子进行改性，分别利用抗氧剂和紫外线吸收剂接枝多元醇，进而制备耐久性优异的聚氨酯密封胶。2020 年，长安大学在专利 CN112194773B 中公开了一种动态二硒键聚氨酯弹性体道路修补材料，通过动态二硒键的引入使得沥青路面在产生微小裂缝时在一定条件下实现自我愈合，防止微小裂缝扩张从而形成较大裂缝，以延缓路面裂缝发展，延长路面服役寿命。

为了进一步提高材料在服役时的性能尤其是耐久性，也可在配方中添加使用相应的助剂。1989 年，日本丸善石油化学株式会社的专利 JP2623505B2 在路面用热熔型修补材料组合物中添加使用了抗氧剂和紫外线吸收剂以提高材料的耐热性和耐候性。2005 年，巴斯夫在申请 EP1584635A2 中聚氨酯体系的道路修复材料中添加疏水剂以提高防水性能。2018 年，陕西科技大学在申请 CN109181582A 中公开了一种 pH 响应型低黏度高强度石材黏合剂，通过引入固体乳化剂 Janus 氧化石墨烯，避免了表面活性剂的使用，提高了黏合剂的耐水性能，同时赋予了黏合剂一定的 pH 响应性能，使其在适当 pH 条件下能够及时地破乳固化，从而对道路、桥梁路面裂缝进行高效及时修补。此外，Janus 氧化石墨烯作为无机纳米材料还提高了黏合剂对于道路、桥梁路面裂缝的修补强度。

对于骨料，1962 年，申请 GB1020545A 在混凝土修复材料中主要添加传统的惰性砂、石。1970 年，德国拜耳公司在申请 GB1294017A 中公开了可在路面修复材料中添加玄武岩、碳化硅、刚玉以提供高强度。1989 年，日本川崎重工业株式会社在申请 JPH0324133A 中通过在修复材料的骨料中搭配使用碳纤维提高了材料的拉伸强度。进一步地，1991 年，申请 JPH04255709A 中还使用了玻璃纤维、金属纤维、硼纤维、聚酰胺纤维等无机、有机纤维，并且可采用偶联剂对其进行表面处理，得到了强度更高的混凝土修复材料，通过对骨料的表面活性处理，表面处理剂可与其他组分发生相互作用，从而提高骨料在基体材料中的分散性、相容性和稳定性。2000 年，日本三井化学株式会社在专利 JP4696190B2 中采用了陶瓷颗粒作为骨料。陶瓷填料具有优异的耐热和耐化学性能，还能带来一定的着色效果。2003 年，专利 CN1240773C 公开了一种路面修补材料，其中无机填料可选钛白粉。钛白粉不仅遮盖力强、着色效果好，而且具有良好的耐候性。2009 年，武汉理工大学在申请 CN101555352A 中公开了一种新型路面裂缝养护材料，采用有机处理剂六甲基二硅氮烷或环硅氧烷处理过的沉淀法或气相法白炭黑作为增强材料。白炭黑为多孔材料，具有耐高温性能好的特点。2011 年，韩国 Hankuk 工程开发有限公司在专利 KR101161420B1 中公开使用了高炉渣作为道面修复材料的骨料。高炉渣不仅可以增加材料的力学强度、抗裂性能和抗老化性能，还实现了固废材料的回收利用，提高了环保性能。2020 年，专利 KR102276178B1 公开了可在修复材料中添加玻璃球泡等无机中空颗粒以实现材料的增亮。

在工艺控制方面，1962 年，申请 GB1020545A 将以环氧树脂为主要成分的组合物材料涂覆黏附在混凝土基材上以实现对路面的修复。1994 年，申请 DE4437419A1 公开了一种环氧树脂黏结剂，可将其利用灌浆技术修复混凝土路面。2001 年，申请 WO0220661A1 公开了一种乙烯－不饱和羧酸共聚物冷补料，使用时对其进行加热熔融以填充路面的凹坑。2009 年，西安科技大学在申请 CN101629009A 中公开了一种沥青路面预防性养护再生剂，其双组分环氧树脂体系中使用煤焦油、煤沥青、芳烃油等芳香族化合物活化剂，使沥青路面及其路用性能恢复到原来的状态，用于沥青路面裂缝填补和表面超薄层喷涂养护。2012 年，河南万里路桥集团有限公司在申请 CN102718434A 中采用打孔的方式将路面裂缝焊接料压进裂缝中，避免了将上层沥青层掀开后修复的烦琐工序，提高了修复效率，能从根本上治愈路面基层隐形裂缝，解决因裂缝产生的结构性破坏问题。

可见，对于道面化学修复材料中组分的选择，创新主体从对材料的性能需求出发，由最基本的力学性能、固化速度转变为耐久性、耐腐蚀、环保性以及可自修复的智能性等更加多元、可持续发展的角度，从而实现了新材料的发展和更迭；而对于工艺，从传统的修补方法也逐渐发展为预防性养护、隐形裂缝的前期修复控制，防微杜渐，以避免更严重的道路病害发生。

3.4.5 技术功效分析

图 3－4－6 为道面化学修复材料技术功效矩阵图。修复技术的功效主要集中于：①强度高：修复后表面强度和硬度高；②黏结力强：修复材料与基材黏结效果好；③便于施工：操作简单，施工便捷，对环境适应性好；④修复速度快：在短时间内完成道面修复并开放交通；⑤提高耐久性：提高修复材料的抗氧化、抗紫外老化等性能，耐久性好，使用寿命长。然而，提高修复材料组分之间的相容性、材料的稳定性以及对道面松散表面的渗透效果等方面，相关的专利技术涉足较少，这也可能成为高品质道面化学修复材料未来研究的方向。针对上述技术功效，对高分子材料的选择以及添加助剂、骨料等技术手段是相关研究者更为关注和着重研究的，且对技术效果的改善影响较为显著。

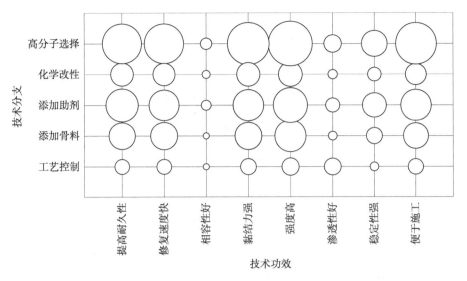

图 3 - 4 - 6　道面化学修复材料技术功效矩阵

注：图中圆形大小对应申请量多少。

　　由于修复材料长期暴露在空气中，与周边的环境（水、氧气、阳光、温度）不断地交替变化，发生各种反应，路面截面会出现蜂窝、麻面等病害现象，因此，修复材料的使用寿命与材料的耐久性息息相关，应选择耐久性强的修补料，以降低维护成本和频率。根据图 3 - 4 - 7 可知，相关研究中针对耐久性的提高主要在于选择具有耐久性的高分子主体材料，其中，聚氨酯和丙烯酸树脂是耐久性较好的高分子材料，在修复材料中使用较多。虽然环氧树脂耐候性较差，但由于其黏结强度高、力学性能好，也比较受研究者的青睐。而石油树脂和油类有机物与沥青材料形态更为相似，与基材相容性好，作为主体材料也使用较多。此外，提高耐久性也可通过添加抗氧剂、紫外线吸收剂、疏水剂等助剂以及钛白粉、纤维等耐候性、耐水性佳的骨料，还可对组分进行化学改性实现官能化，从而提高材料的整体性能。

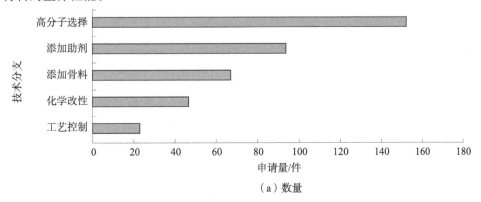

（a）数量

图 3 - 4 - 7　道面化学修复材料耐久性相关专利申请技术手段

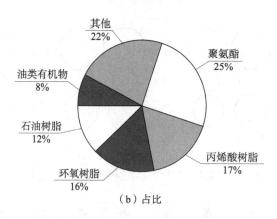

（b）占比

图3-4-7　道面化学修复材料耐久性相关专利申请技术手段（续）

3.4.6　重要创新主体的技术发展分析

从图3-4-8可以看出，道面化学修复材料全球相关专利申请量排名前十的申请人中，中国申请人居多，占据了半壁江山有余，其中公司包括河南万里路桥集团有限公司、中国石油化工股份有限公司、宁波招商公路交通科技有限公司、北京东方雨虹防水技术股份有限公司，高校包括华南理工大学和长安大学。这充分显示了我国从材料制造大国转变为制造强国，材料领域创新主体的活力不断加强。在国外申请人中，日本的三井化学株式会社（Mitsui Chemicals Inc）申请量也相对较高。道面化学修复材料与其他相关的化学、材料领域交叉较大，发展较为成熟，创新主体的人均申请量并不高。

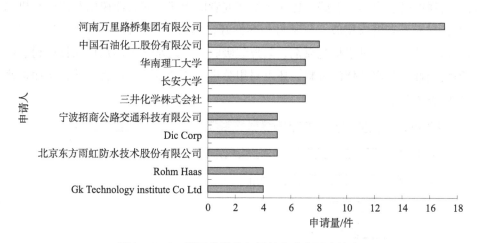

图3-4-8　道面化学修复材料全球主要申请人

以下将对河南万里路桥集团有限公司、中国石油化工股份有限公司、华南理工大学和三井化学株式会社的重点专利进行梳理和介绍。

河南万里路桥集团有限公司以公路工程施工起步，业务现已发展为以高速公路养护施工为中心，涵盖道路桥梁建设、道路养护机械制造、道路材料研发生产等相关业务，为国内外公路桥梁建设及养护提供综合服务的产业模式。2011 年该公司集中申请了一系列路面修复剂、裂缝密封剂的相关专利申请。申请 CN102408667A 公开了一种阳离子型水性彩色路面色彩修复剂，采用糠醛抽出油、石油树脂为主体材料，可补充沥青老化丢失的轻组分，同时添加的十六烷基三甲基溴化铵加快了凝结速度而且不会出现裂纹，阳离子苯乙烯 - 丁二烯 - 苯乙烯嵌段共聚物（SBS）胶乳提高了对酸性石料具有的较好的黏附性，在酸性环境下的黏结性和稳定性更强。申请 CN102408665A 公开了一种阴离子型水性彩色路面色彩修复剂，同样采用糠醛抽出油、石油树脂为主体材料，还添加了十二烷基二苯醚二磺酸钠作为乳化剂、阴离子流平剂和沥青稳定剂，使修复剂呈碱性，对碱性石料具有较好的黏附性，在碱性环境下的黏结性和稳定性更强。申请 CN102391613A 在与如上专利申请相似的体系中还添加了粉末 SBR 和甲基硅油。粉末 SBR 是专为改性沥青而生产的一种粉末丁苯橡胶，提高了材料的低温韧性，使其不易开裂和脱落。甲基硅油的加入保证了该耐低温热熔型彩色路面裂缝灌封材料在偶遇高温时不黏胎。2012 年该公司针对道面裂缝维修注浆材料进行了相关的专利申请。申请 CN102718434A 公开了一种路面基层隐形裂缝焊接料及其施工工艺。裂缝焊接料以聚氨酯或丙烯酸树脂为主体，具有黏性高且渗透性、膨胀性强的特点。施工时先使用探地雷达对路面裂缝进行无损检测，根据裂缝宽度选择合适的骨料及其粒径进行配料，然后采用打孔的方式将焊接料压进裂缝中，避免了将上层沥青层掀开后修复的烦琐工序，提高了修复效率，能从根本上治愈路面基层隐形裂缝，解决因裂缝产生的结构性破坏问题。申请 CN102746482A 公开了一种道路维修注浆料，原料为双组分聚氨酯类，所含有的大量游离异氰酸根能与水迅速反应固结，使得道路维修注浆料能适用于雨雪天气和积水环境等各种环境，固化成型的速度快，施工后不需要较长时间的交通管制，缩短了施工周期，修复的效率和成功率得到大大提高。

中国石油化工股份有限公司是中国最大的一体化能源化工公司之一，在化学材料方面主要从事石油衍生的合成树脂、合成橡胶、合成纤维等化工原料的开发和销售。2016 年，该公司申请的专利 CN108059787A 公开了一种沥青路面的嵌缝材料，在石油树脂、塑料和含有不饱和双键的嵌段共聚物为主体材料的体系中添加使用了多种助剂、引发剂和接枝剂，使含有不饱和双键的嵌段共聚物与塑料分子接枝形成同时具有塑料和橡胶性能的新型聚合物材料。硫化剂和活化剂相互配合使石油树脂、相容剂之间能形成稳定的网状胶体结构，使嵌缝材料具有优异的高低温性能和变形恢复能力。2019 年申请的专利 CN112824448A 公开了一种混凝土裂缝修补材料，为一种环氧树脂和多种胺类复配的固化剂组成的双组分环氧固化体系，并配以丁苯橡胶、水泥、填料等填充组分，所得材料收缩性小、塑性和抗冲击性好、与周围介质黏结性佳，且固化后具有较高的强度和抗变形性能，可广泛用于机场和道面等混凝土裂缝的修补。2020年申请的专利CN114426411A公开了一种路面修补材料，以石蜡基轻脱抽出油为主料，配以丁苯橡胶、固化剂、骨料等组分，具有较快的强度成型速度，路面病害经其修补后在较短的时间内就能让道路恢复交通，强度大、黏结力好，具有良好的抗压性能和耐磨性能，对水泥基材和沥青混合料基材都具有非常好的黏结力，应用范围广。2022年，申请CN116444869A公开了一种耐拉伸嵌缝材料，通过调整热塑性树脂、矿物油、聚合物的含量并添加化合剂、增强剂，使耐拉伸材料具有优异的高低温性能和变形恢复能力，具有较高的软化点、很强的黏结力和较高的低温拉伸率、低温延度，同时具有较强的形变跟随能力，从而避免由于较大温差造成的胶结料从缝隙表面黏结处脱落，使缝隙具有较好的防水性能，增加道路的使用寿命，减少维修频次。同年申请的专利CN115594981A还公开了一种以丙烷重脱油和增黏剂制备的高黏性基料为主体的沥青路面养护材料。在施工使用时，高黏性基料破乳后能与特制的交联促进剂发生作用产生超强黏结性，与沥青路面中的石料紧紧黏附在一起，有效固含量高且流动性强，不仅可以有效渗透到旧沥青路面内的孔隙中，将路表内的孔隙完全填充和封闭，而且大大减小了水分挥发后道路面层内部出现的气孔数量，提高了道路面层的抗压和抗变形能力。

华南理工大学的土木与交通学院、材料科学与工程学院科研实力与成绩突出，在土木工程修复材料方面有重点研究。黄培彦课题组在2007年申请的专利CN101121812A中公开了一种环氧树脂基快速修补材料，主要由双组分环氧固化体系和骨料砂子、滑石粉组成，具有早期强度高、后期强度适中、黏结性好、工期短、不用封闭交通等特点。张广照课题组研究发展了高性能环氧和聚氨酯基岩土工程材料，并成功应用于高速公路、地铁、桥梁等工程的加固、修补、防水、防渗、防腐中。2012年申请的专利CN102585441A公开了一种性能可控环氧-聚酮注浆材料，在双组分环氧固化体系中，通过固化调控剂、界面改性剂的加入，使注浆材料可在保持高强度的前提下具有渗透性、操作时间可控的特点，并具有较高的润湿能力，可以处理小到纳米级的裂缝；催化剂的加入使得反应性溶剂在后期形成分子量更大的聚酮树脂并与环氧树脂形成互穿网络，增加了注浆体的韧性，提高了环氧注浆材料的综合力学性能。2022年申请的专利CN114933687A公开了一种高强度可控发泡材料，采用竞争发泡技术，向聚氨酯体系中引入胺类竞争性反应物，调控异氰酸酯与羟基的反应，使得其发泡过程不受外界水的影响，实现材料的可控膨胀，同时采用环氧树脂类交联型增强剂与聚氨酯网络形成交联互穿网络结构，并协同无机增强剂，大幅提高了材料的力学性能，具有快速、便捷、高强的特性，为路面的抢修抢建提供了保障。

三井化学株式会社是日本最大的化工企业集团之一，广泛研发高质量涂层、建筑、建设等各种产业领域的创新性解决方案。其1978年申请的专利US4189548A公开一种包含改性烃聚合物的环氧树脂组合物。改性烃聚合物由二环戊二烯、石油馏分、可阳离子聚合的乙烯基芳烃、可阳离子聚合的不饱和脂族烃等单体聚合而成，其与环氧树脂和固化剂具有优异的相容性，因此所得的环氧树脂组合物可长期稳定地储存，具有低渗出、高机械强度以及优异的耐磨性、耐水性和耐化学性，适用于道路修补材料。2000年申请的专利JP2002037936A公开了一种可用于道路修复的土木工程密封剂的橡胶组合物，主要成分为硅烷基可水解的含硅烷基乙烯－α－烯烃－非共轭多烯无规共聚物橡胶和二酮叔胺类共聚物。该材料具有长期暴露在室外时不会因紫外线等而在表面产生裂缝的高度耐候性，并且固化速度快、机械性能优异。

可见，重点创新主体对于道面修复技术的研究不仅局限于固化速度和修复材料对道路表面强度影响，而是更着眼于路面相容性、耐久性、环保性等综合性能的提高，主要的技术手段不仅涉及选择与路面相容性好、性能优异的高分子材料如聚氨酯树脂、石油树脂等，以及通过接枝等化学改性方法对高分子进行改性，还通过添加活化剂、增强剂、固化调控剂等各类特定功效的助剂以提高材料的综合性能。

3.4.7　小　　结

本节对化学修复材料进行分析，小结如下：

（1）全球和国内化学修复材料均经历了技术萌芽期、缓慢发展期和快速发展期。全球的专利布局较早，国内起步较晚，但增量很快。

（2）全球专利总申请量中中国占比第一，国外申请量以韩国、美国、日本居多。

（3）关于化学修复材料的技术功效，强度、黏结力、施工便捷性、修复速度、耐久性是创新主体主要关注的，而针对提高修复材料组分之间的相容性、材料的稳定性以及对道面松散表面的渗透效果等方面，相关的技术涉足较少。

（4）化学修复材料专利申请中采用的技术手段主要集中于高分子选择、添加助剂、添加骨料、化学改性和工艺控制，其中高分子选择的相关技术的占比最大。高分子材料主要采用聚氨酯、环氧树脂、丙烯酸树脂、石油树脂。针对上述关注的技术功效，对高分子材料的选择以及添加助剂、骨料的研究较多，且对技术效果的改善影响较为显著，而对化学改性的研究较少。

（5）对于化学修复材料的耐久性提高，主要采用选择具有耐久性的高分子主体材料，其中聚氨酯和丙烯酸树脂是耐久性较好的高分子材料，在修复材料中使用较多。此外，还可通过添加抗氧剂、紫外线吸收剂、疏水剂等助剂和钛白粉、纤维等耐候性、耐水性佳的骨料，以及对组分进行化学改性实现官能化来提高材料的耐久性等技术手段。

（6）河南万里路桥集团有限公司、中国石油化工股份有限公司、宁波招商公路交通科技有限公司、北京东方雨虹防水技术股份有限公司、华南理工大学、长安大学和日本的三井化学株式会社是化学修复材料的重要创新主体。

3.5 水泥基修复材料

我国是水泥生产和消耗大国，相对于高质量沥青，水泥价格便宜，利用水泥混凝土道面作为机场道面占我国总机场道面的 90% 以上。针对机场混凝土道面的病害修复材料中，水泥基修复材料展现出优异的性能，被广泛应用。本节将对国内外水泥基修复材料专利申请进行研究。

3.5.1 专利技术整体态势

本节专利数据检索截至 2023 年 9 月 30 日。由于 2023 年的部分数据还没有进入公开阶段，故 2023 年的数据不完整，不代表这个年份的全部申请。

水泥基修复材料全球和中国专利申请趋势和占比如图 3 - 5 - 1 所示。总体而言，全球范围内，水泥基修复材料专利申请出现在 20 世纪中期。全球水泥基修复材料大致经历了技术萌芽期和技术发展期两个发展阶段。2000 年之前属于技术萌芽期。这一时期内水泥基修复材料的申请数量较少，年均不足 10 件，且基本被国外申请占据。此阶段水泥基修复材料应用规模相对较小，研究处于起步阶段，申请人数量也处于较低水平。2000 年之后属于技术发展期。进入 21 世纪，每年的专利申请量开始大幅增长，呈现快速上升趋势，尤其在 2010 年后呈现迅猛增长趋势，并于 2018 年申请量突破 100 件，可见该阶段全球范围内对水泥基修复材料的相关研究热情高涨，进入快速发展的活跃期。

水泥基修复材料的中国申请趋势与全球申请趋势类似，同样经历了技术萌芽期和技术发展期两个阶段。相较于全球，中国的水泥基修复材料研究相关申请起步较晚，于 20 世纪八九十年代出现，并在 2000 年前处于较低的申请量水平，年均申请量不足 5 件，该阶段属于技术萌芽期。2000 年以后进入技术发展期，该阶段水泥基修复材料的年申请量逐年上涨，在 2010 年左右占据全球申请总量的一半。在后续的专利申请中，中国专利申请逐渐占据全球专利申请的大部分，最高占据全球申请量的 70%—80%。该阶段水泥基修复材料的各个技术分支的发展方向和研究手段已经基本成型，对应各个技术分支的具体技术手段的研究进入白热化，这与中国经济和科技水平的飞速发展，科学研究和工程应用专业化水平逐步提高有着一定的关系。另外，随着知识产权保护意识的不断强化，水泥基修复材料技术领域也处于飞速发展阶段。

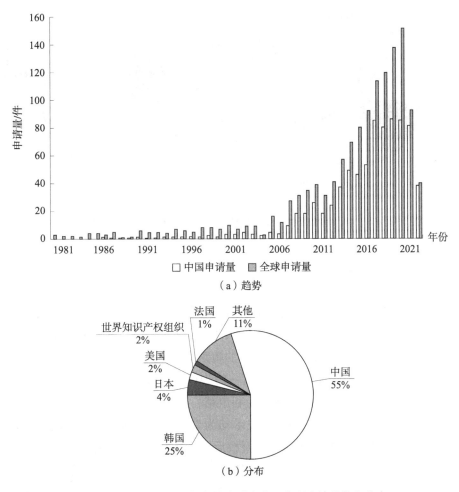

图 3 - 5 - 1　水泥基修复材料全球和中国专利申请趋势和分布

就专利申请区域分布来看，来自中国的专利申请总量占据全球申请量的大部分，为 55%；其次为韩国，占 25%；后续为日本、美国、世界知识产权组织和法国，总体占比低于 10%。

3.5.2　法律状态分析

对中国专利申请的法律状态进行分析（见图 3 - 5 - 2）。其中，授权专利为333 件，其中维持有效的专利为 269 件，维持在较高水平，显示出各申请人对水泥基修复材料保持了相对较高的重视程度。

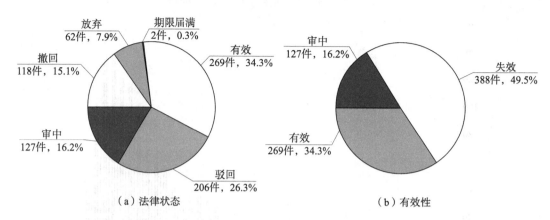

（a）法律状态   （b）有效性

图3-5-2 水泥基修复材料专利申请法律状态分布及专利申请有效性分布

3.5.3 申请人分析

根据水泥基修复材料申请量对申请人进行排名（见表3-5-1）。就全球而言，排名前二十的申请人中，国外申请人占14位，国别为韩国和日本居多，中国申请人占6位。并且，前三名申请人的申请量均超过10件，其他申请人的申请量不足10件，且较为平均。排名第一的为韩国企业IREHIGHTECH ENC，其自2008年开始进行水泥基修复材料专利申请，且保持了较为持续的研究，专利申请延伸至2021年。其采用的关键技术均为聚合物改性水泥基修复材料，研究较为专注，并且其专利在韩国均处于授权后维持有效状态。但该申请人只在韩国进行专利布局。未进行国外布局。排名第二的为SONG JI YEON的韩国个人申请，有14件专利申请，然而其申请集中于2020年和2021年，技术主题也均为聚合物改性水泥基修复材料，研究较为专注。其专利在韩国同样均处于授权后维持有效状态，也仅在韩国进行专利布局。排名第三的为中国高校同济大学。第四名、第七名、第十名、第十一名同样为韩国申请人，其研究主题均为聚合物改性水泥基修复材料。第八名、第十二名为日本申请人。日本关于水泥基修复材料的申请大多在2010年之前，主要布局方向为添加工业固废掺合料和早强外加剂制备水泥基修复材料。

表3-5-1 水泥基修复材料主要申请人

序号	全球申请人	专利数量	中国申请人	专利数量
1	IREHIGHTECH ENC	20	同济大学	11
2	SONG JI YEON	14	武汉理工大学	9
3	同济大学	11	长安大学	9

序号	全球申请人	专利数量	中国申请人	专利数量
4	SAM WOO INNOVATION MAINTENANCE CONSTRUCTION CO LTD	10	山东大学	8
5	武汉理工大学	9	东南大学	6
6	长安大学	9	北京工业大学	5
7	CQR CO LTD	8	沈阳建筑大学	5
8	DENKI KAGAKU KOGYO KK	8	南京工业大学	4
9	山东大学	8	山西省交通科技研发有限公司	4
10	CETEK CO LTD	6	广东工业大学	4
11	JOIN THE NEW TECHNOLOGY INC CO LTD	6	广州大学	4
12	NAMKYONG CONSTRUCTION CO LTD	6	昆明理工大学	4
13	SUMITOMOOSAKA CEMENT CO LTD	6	河南万里路桥集团股份有限公司	4
14	YOO SE KYUN	6	河海大学	4
15	东南大学	6	青岛汇而通商贸有限公司	4
16	CONTECH ENG CO LTD	5	黑龙江省交通科学研究所	4
17	DENKA CO LTD	5	三峡大学	3
18	HYUNDAI C M CO LTD	5	上海市建筑科学研究院有限公司	3
19	KIM JONG HWAN	5	中国人民解放军空军工程大学	3
20	北京工业大学	5	中国建筑材料科学研究总院有限公司	3

　　如图 3-5-3 所示，就中国国内专利申请而言，企业占据全部申请人主体的最多数，为 59%，高校占据第二，为 25%。水泥基修复材料具有广泛的市场应用前景，受到了企业和高校的重点关注，但是就申请量排名前二十的申请人而言，高校则占据了 14 席，位于主导地位，且占据了前八名的位置（见表 3-5-1）。可见，高校对水泥基修复材料研究较深，布局较广。企业虽然专利申请量较少，但参与的企业众多。同济大学申请了 11 件有关水泥基修复材料的专利，自2014 年开始较为连续的专利申请，专利布局主题涉及聚合物改性、纳米材料改性和地聚物水泥基修复材料，武汉理工大学也是建材行业的名校，涉及的主

题包括聚合物改性、快硬水泥改性、磷酸盐等。长安大学集中于研究掺合料改性。山东大学则集中于地聚物和磷酸盐水泥基修复材料。就企业而言，山西省交通科技研发有限公司、河南万里路桥集团股份有限公司、上海市建筑科学研究院有限公司、中国建筑材料科学研究总院有限公司等进行了水泥基修复材料相关专利布局。

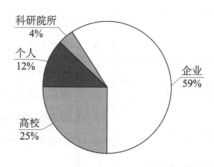

图 3 - 5 - 3 水泥基修复材料中国专利申请主要申请人类型

3.5.4 技术构成与发展脉络

对水泥基修复材料的相关专利进行技术标引，得到其具体技术构成（见图 3 - 5 - 4）。为满足修复效果，水泥基修复材料的实现路径包括硅酸盐水泥型、硅酸盐 + 快硬水泥型、硫铝酸盐水泥型、铁铝酸盐水泥型、高铝水泥型、磷酸盐水泥型、地聚物水泥型、超细水泥型、聚合物改性水泥型、掺合料改进水泥型与其他类型（见图 3 - 5 - 5）。其中，又以聚合物改性水泥型作为主导。硅酸盐水泥型、磷酸盐水泥型、硅酸盐 + 快硬水泥型、硫铝酸盐水泥型位列其后。

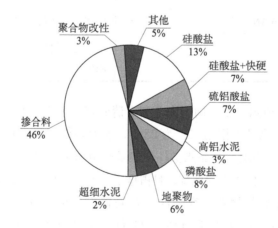

图 3 - 5 - 4 水泥基修复材料技术构成

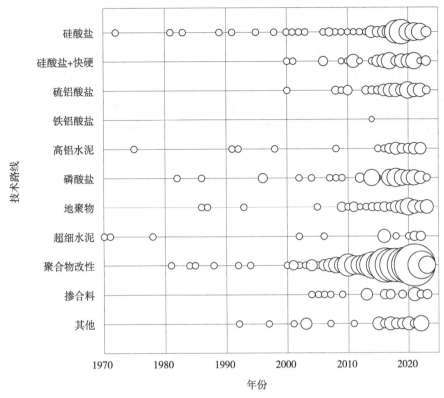

图 3 - 5 - 5　水泥基修复材料技术改进路线

注：图中圆形大小对应申请量多少。

各技术分支的特点如表 3 - 5 - 2 所示。

表 3 - 5 - 2　水泥基修复材料技术路线优劣势

技术路线	优　势	劣　势
硅酸盐	力学性能好，成本低	凝结时间长，早期强度低，收缩率大
硅酸盐 + 快硬	快凝早强，收缩率小	容易产生强度倒缩
硫铝酸盐	快凝早强，收缩率小，抗冻	水化热高，后期强度发展慢，容易产生强度倒缩
铁铝酸盐		
高铝水泥		
磷酸盐	早强，耐火，体积稳定	凝结速度太快
地聚物	早强，力学性能高	碱度高，凝结速度快，收缩率大
超细水泥	早强	水化热高，后期强度发展慢
聚合物改性	早强，韧性好	价格高，相容性问题
掺合料	功能可设计	制备工艺复杂

从图 3 – 5 – 5 可以看到，水泥基修复材料最早采用硅酸盐水泥 + 高铝水泥制备用于道路修复的水硬性组合物，后续陆续出现聚合物改性水泥基修复材料、硅酸盐型、超细水泥型、高铝水泥型、磷酸盐水泥型、地聚物型。2000 年之前的水泥基修复材料申请主要集中于国外，至 2000 年以后国内申请开始大量出现，水泥基修复材料在国内开始掀起研究热潮。其中硫铝酸盐水泥是由中国建筑科学研究院在 20 世纪 70 年代发明，但在 2000 年以后才被用于道路路面的快速修复。近 20 年来各技术分支保持了相对稳定的年申请量，各技术发展逐渐进入成熟阶段。

3.5.5 技术功效分析

如图 3 – 5 – 6 所示，通过对水泥基修复材料的技术功效进行分析发现，快凝早强是最为聚焦的性能，这与路面修复及时通车的要求是相契合的。实现快凝早强最主要的措施为采用快硬水泥和聚合物对硅酸盐水泥进行改性，或单独采用快硬水泥作为主要胶凝材料。其他受关注的性能涉及抗折强度、流动性、耐久性、体积稳定性、黏结力、抗压强度，耐磨性能也占据一席之地。抗折、抗压、黏结力强度有利于修复材料的补强效果。体积稳定性和耐久性则涉及修复材料的服役稳定性，避免修复材料的开裂失效。然而，早期专利使用的高铝水泥虽然具有快凝早强的效果，但在后期容易出现强度倒缩。后续采用的硫铝酸盐水泥同样由于水化产物后期晶型改变而出现强度倒缩现象。为此，后续专利大多采用硅酸盐 + 快硬水泥作为胶凝材料来解决该问题，而这与前述技术发展脉络也是相对应的。此外，低碳无缩和高延性特性是伴随水泥基新材料的诞生衍生而来的。低碳无缩主要是采用高贝利特硫铝酸盐水泥，典型的生产厂家为唐山北极熊建材有限公司，由于其 $\beta – C_2S$ 含量较高，可以弥补硫铝酸钙水化后期的强度倒缩，并且由于硫铝酸钙含量低，生产过程中可以减少高品位铝矾土的使用，并可采用含铝和硫的大宗工业固废作为生料，因此具有低碳利废的特点，符合国家"双碳"战略。高延性则是一种利用密集配原料和纤维制备而得的新型建材产品，克服了传统水泥基材料的脆性，具有超高的变形能力以及类似于金属材料的应变硬化行为，可满足路面修复所需的工作性能和耐久性。并且，高延性水泥基材料疲劳寿命远高于普通混凝土，可解决路面修复的反射裂缝问题。其可将原路面开裂处引起的应力集中予以分散，呈现出多条微裂纹开裂的形式，避免普通水泥基修复材料的断裂破坏。因此，采用高贝利特硫铝酸盐水泥和高延性水泥基材料作为机场道面修复材料是可行的。该技术领域目前申请量比较小，但由于其优异的性能，成为新型高性能水泥基修复材料的研发方向，同样也存在诸多技术空白区有待专利布局。

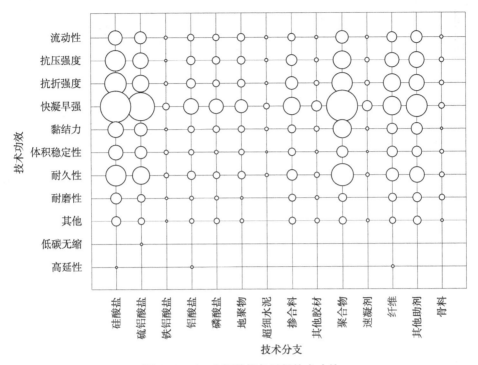

图 3 - 5 - 6　水泥基修复材料技术功效

注：图中圆形大小对应申请量多少。

3.5.6　重要创新主体的技术发展分析

根据专利布局特点，对国内重要创新主体的专利布局进行分析。由图 3 - 5 - 7 可以看出，重点创新主体的专利申请自 2000 年开始，且主要集中于 2016 年后。其中，采用聚合物改性和快硬水泥制备水泥基修复材料有较为持续的专利布局。硅酸盐 + 快硬水泥技术较为成熟且研究较早，重点申请人未在此技术分支进行进一步研究。采用纳米材料和外加剂提高硅酸盐水泥的快硬早强，以及采用磷酸盐水泥作为胶凝材料也是近些年的研究重点。山东大学对水泥基修复材料进行产学研合作，联合山东高速集团有限公司进行专利布局。

对重要创新主体的申请人和发明人进行列表，如表 3 - 5 - 3 所示。

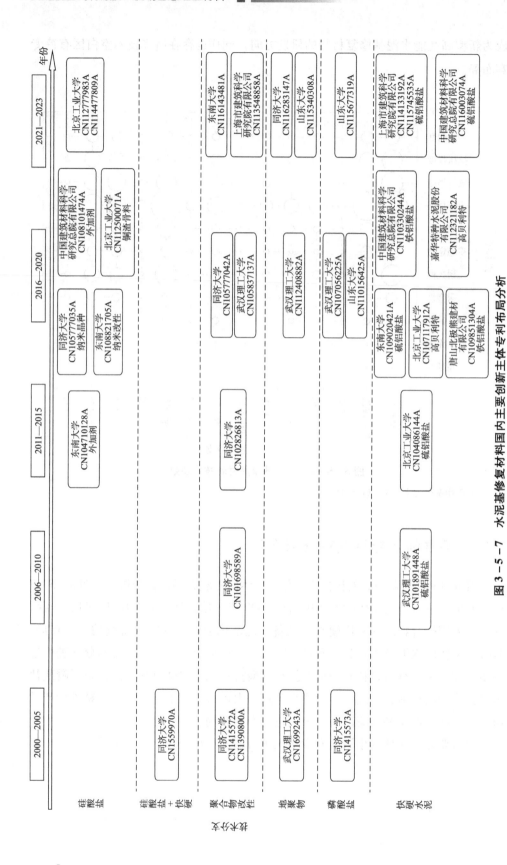

图 3-5-7 水泥基修复材料国内主要创新主体专利布局分析

表3－5－3　水泥基修复材料重要创新主体申请人、发明人

申请人	公开号	研究方向	研究团队
同济大学	CN116283147A	地聚物	郭晓潞
	CN105777042A	硅酸盐＋快硬	王培铭、张国防
	CN102826813A		
	CN105777035A	纳米改性	孙振平、蒋正武
	CN1559970A	硅酸盐＋快硬	
	CN101698589A	聚合物改性	殷娟
	CN1415573A	磷酸盐	杨钱荣
	CN1415572A	聚合物改性	
	CN1390800A		
武汉理工大学	CN112408882A	地聚物	胡曙光、丁庆军、王发洲
	CN1699243A		
	CN112500071A	钢渣骨料	马保国、李相国、谭洪波
	CN107056225A	磷酸盐	
	CN105837137A	聚合物改性	水中和、黄赟
	CN101891448A	快硬	
	CN1923484A	聚合物改性	张联盟
山东大学	CN115677319A	磷酸盐	李相辉
	CN110156425A	磷酸盐	李召峰
	CN115340308A	地聚物	
东南大学	CN116143481A	聚合物改性	韩方玉
	CN109020421A	快硬	余伟、张云升、范建平
	CN108821705A	纳米改性	
	CN104710128A	外加剂	
北京工业大学	CN114477809A	硅酸盐	崔素萍
	CN112777983A	硅酸盐	张金喜
	CN104086144A	快硬	
	CN107117912A	高贝利特硫铝酸盐	邓宗才、张鑫
上海市建筑科学研究院有限公司	CN115745535A	快硬	陈宁、王娟、付杰、董庆广
	CN114133192A		
	CN113548858A	聚合物改性	
中国建筑材料科学研究总院有限公司	CN116003074A	快硬	柴丽娟
	CN110330244A		黄文、刘云
	CN108101474A	外加剂	贾福杰、贾永奎、高玉梅

续表

申请人	公开号	研究方向	研究团队
嘉华特种水泥股份有限公司	CN112321182A	高贝利特硫铝酸盐	王宁、林燕
唐山北极熊建材有限公司	CN109851304A	高贝利特硫铝酸盐	张振秋、葛仲熙

3.5.7 小　　结

本节对水泥基修复材料进行分析，小结如下：

（1）全球和中国水泥基修复材料均经历了技术萌芽期和技术发展期。全球的专利布局较早，中国起步较晚，但增量很快。

（2）国外申请人以韩国和日本居多，其中韩国专利布局技术主题较为集中，为聚合物改性。中国申请人中企业和高校占据大多数。

（3）水泥基修复材料的实现路径包括硅酸盐水泥型、硅酸盐＋快硬水泥型、硫铝酸盐水泥型、铁铝酸盐水泥型、高铝水泥型、磷酸盐水泥型、地聚物水泥型、超细水泥型、聚合物改性水泥型、掺合料改进水泥型与其他类型。其中，又以聚合物改性水泥型作为主导，硅酸盐水泥型、磷酸盐水泥型、硅酸盐＋快硬水泥型、硫铝酸盐水泥型位列其后。

（4）采用高贝利特硫铝酸盐水泥和高延性水泥基材料作为机场道面修复材料是新材料的研发方向，存在专利技术空白。

（5）同济大学、武汉理工大学、山东大学、东南大学、北京工业大学、上海市建筑科学研究院有限公司、中国建筑材料科学研究总院有限公司、嘉华特种水泥股份有限公司、唐山北极熊建材有限公司为水泥基修复材料重要创新主体。嘉华特种水泥股份有限公司和唐山北极熊建材有限公司是高贝利特硫铝酸盐水泥的生产厂家。

3.6　沥青基修复材料

随着"白改黑"❶ 工程的不断推进，沥青道面由于其优异的弹性以及舒适度被广泛用于路桥以及机场道面。而在道面的诸多病害中，车辙变形与裂缝是沥青机场道面的主要损坏类型。根据国内研究机构对于机场道面病害调研结果，以上海虹桥机场、厦门高崎机场的沥青道面为例，裂缝病害占据的比例分别是58.6%和40.9%，

---

❶ 百度百科. 白改黑［EB/OL］.［2025 - 02 - 03］. https：//baike. baidu. com/item/% E7% 99% BD% E6% 94% B9% E9% BB% 91/2203653.

车辙病害占据的比例分别是 16.9% 和 23.1%。沥青基修复材料被广泛应用于沥青道面。本节将对国内外沥青基修复材料在车辙和裂缝防治方面的专利申请进行分析。

3.6.1　专利技术整体态势

本节专利数据检索时间截至 2023 年 9 月 30 日。由于 2023 年的部分数据还没有进入公开阶段，故 2023 年的数据不完整，不代表这个年份的全部申请。

图 3 - 6 - 1 显示了全球和中国在道面沥青基修复材料领域专利的申请趋势和占比。在 1986 年之前属于技术萌芽期，全球的专利申请量较少。1986—2000 年，沥青基修复材料专利技术缓慢增长，专利申请数量缓慢上升，并在 2000 年之后

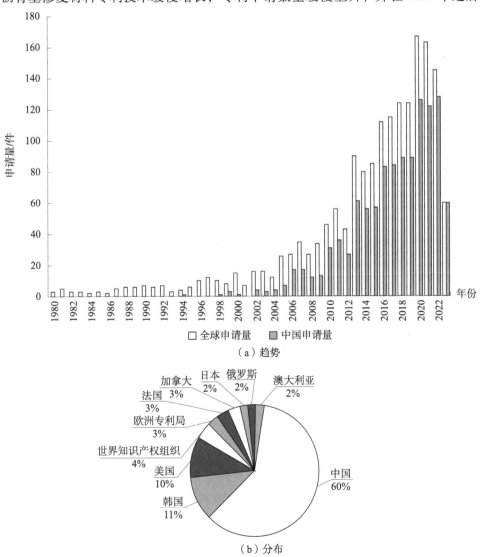

（a）趋势

（b）分布

图 3 - 6 - 1　道面沥青基修复材料全球和中国专利申请趋势及分布

快速发展。中国专利申请虽然起步较晚，但增长迅速，2000 年之后呈现出快速发展的态势，其增长趋势与全球快速发展趋势相同。结合全球各国的专利申请分布，可见中国专利申请量占比全球专利申请量的 60%，居首位，这显示出我国在大力发展基础路桥工程建设过程中，同时也注重对道面修复材料的技术研究。韩国申请量位居第二，占总申请量的 11%。美国紧随其后，也远高于其他国家和地区。这表明韩国、美国在道面沥青修复材料领域也具有良好的技术积累，在该领域进行了布局，具有较高水平的技术敏感度和研发水平。

3.6.2 法律状态分析

对中国道面沥青基修复材料相关专利申请进行法律状态和专利有效性分析，结果如图 3 - 6 - 2 所示。中国道面沥青基修复材料相关专利的授权件数为 521 件，其中维持有效专利件数为 426 件。可见，中国道面沥青基修复材料相关专利的授权率和有效率保持了较高的水平，并且，中国道面沥青基修复材料相关专利中有 204 件处于实质审查阶段，表明中国技术人员在道面沥青基修复材料领域仍然保持着一定的研发热情。

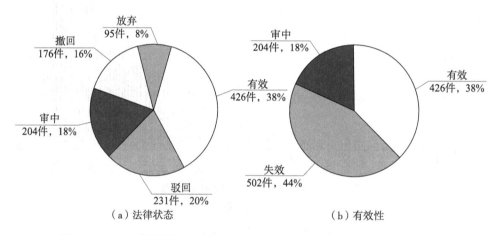

（a）法律状态　　　　　　　（b）有效性

图 3 - 6 - 2　沥青基修复材料专利申请法律状态分布及专利申请有效性分布

3.6.3 技术构成

道面的沥青基修复是采用沥青混合材料（沥青、集料、添加剂）对路面进行修复。普通沥青是最早使用的沥青基修复材料。随着道路工程发展，对沥青基修复材料提出高黏合性和高强度等性能要求，因此，改性沥青材料应运而生。改性沥青是在沥青中掺加橡胶、树脂或者其他外加剂，使得沥青或沥青混合料的性能得以改善。

橡胶改性沥青包括天然橡胶改性和合成橡胶改性。天然橡胶例如异戊二烯，合成橡胶有 SBS、SBR、SIS、CR 等。在道路工程应用于沥青改性的，多以合成橡胶为主，其中，SBS 由于其良好的弹性、变形自恢复以及裂缝自愈性，是目前世界上最为普遍使用的道路沥青改性剂。此外，废旧轮胎经加工磨细的橡胶粉，也能够用于沥青改性。利用橡胶改性沥青能够提高沥青黏结力、耐久性和耐老化性能。

树脂按照可塑性分为热塑性树脂和热固性树脂。热塑性树脂主要有 EVA（醋酸－乙烯共聚物）、乙烯丙烯酸酯、聚乙烯等。道路工程中多用聚乙烯和 EVA。热固性树脂主要为聚氨酯和环氧树脂等。用热固性树脂能够提升沥青基修复材料的强度和高温稳定性。

沥青基修复材料在道面裂缝、车辙等病害的修复中均有广泛的应用。针对不同的道面病害修复，对沥青基修复材料的性能有着不同的要求。

图 3－6－3 为沥青基修复材料领域专利申请中对沥青不同改进方向的技术占比。可以看出，在改性沥青中，天然橡胶或合成橡胶改性沥青占比最高，达到 36%，而合成热塑性树脂改性沥青和环氧树脂改性沥青分别占比 21% 和 18%，这也说明对沥青基修复材料进行改性时多采用高分子物质进行改性，在现有专利申请中占有突出的地位，是研究的重点和热点。紧随其后的是添加纳米材料与纤维，分别占比 11% 和 8%。集料配比、抗裂剂或抗车辙剂占比最小。

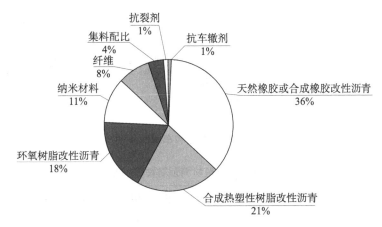

图 3－6－3　沥青基修复材料技术构成

3.6.4　技术发展脉络

图 3－6－4 为沥青基修复材料在裂缝和车辙修复领域的专利申请趋势。分析可知，沥青基修复材料由于其较好的柔性，相较于车辙修复，其更多用于道面裂缝修复。采用沥青基修复材料所进行的裂缝修复，专利申请起步的年份较早，2010 年之前维持着较低的申请量，而自 2010 年起出现了快速增长的势头。车辙

修复方面的申请量始终处于较低的水平，仅在 2018 年之后有相对持续的小幅增长，这与裂缝和车辙在道面病害中占比，以及传统病害处理方式有着密切联系。此外我们还能够发现的是，随着大力发展道路技术，对于道面病害的修复越来越重视路面的预防性养护。从表 3–6–1 中也能够看出预防性养护技术相关专利申请在 2010 年之后呈现出整体稳步上升的趋势，这也与国内交通运输部《"十三五"公路养护管理发展纲要》所提出的明确要求"将预防性养护纳入日常养护管理当中，预防性养护成了养护管理的重要环节"有着密切联系，这也进一步体现出对于路面病害的宏观处理方式，已经从"大病害—后修复"逐步向"小病害—预防性养护"转变，以此来节约修复和养护的材料及人工成本。

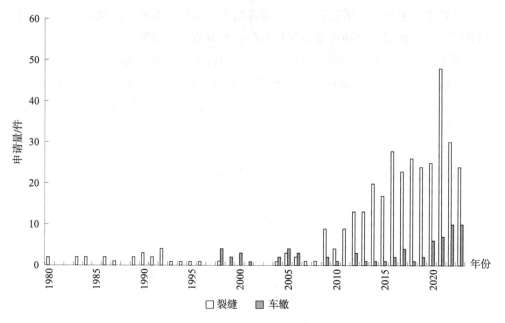

图 3–6–4　沥青基修复材料在裂缝和车辙修复领域的专利申请趋势

表 3–6–1　沥青基修复材料预防性养护专利申请量　　　　单位：件

年份	1985	2008	2010	2011	2012	2013	2014	2015	2016	2017	2018	2019	2020	2021	2022	2023
申请量	1	2	2	2	1	4	5	7	12	13	18	18	20	14	34	31

图 3–6–5 给出了 2000—2023 年沥青基修复材料专利申请涉及的主要技术改进方向：橡胶/合成橡胶改性、热塑性树脂改性、环氧树脂改性、纳米材料、纤维、集料配比、抗车辙剂和抗裂剂。其中，橡胶/合成橡胶改性沥青相关专利申请量最多，且在 2008 年之后始终保持着较多的申请量。热塑性改性树脂与橡胶改性沥青技术改进趋势大致相同。环氧树脂改性沥青由于制备工艺以及成本问题，专利申请较晚，数量也相对较少。添加纤维和对于集料配比的改性的专利数量少，但添加纤维每年均保持在一个平稳的申请量水平上，集料配比改性则在近几年有所

增长。添加抗裂剂和抗车辙剂作为传统的改性方式，在 2000 年之后仅保持了极少的申请量，可见领域内技术人员对这方面的针对性研究较少，存在技术空白。

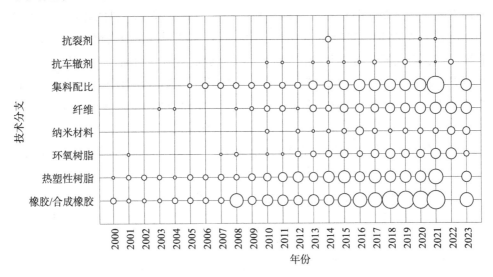

图 3 - 6 - 5　沥青基修复材料技术改进趋势

注：图中圆形大小对应申请量多少。

图 3 - 6 - 6 为道面沥青基修复材料改进技术路线。结合图 3 - 6 - 5 中的各改进方向专利申请量以及趋势，可以看出，采用纤维改性沥青基修复材料在该领域的专利申请量较小。申请 CN105315684A 采用纳米碳纤维改性乳化沥青，改善乳化沥青的高低温性能以及强度，可以用于道路病害的快速修补。申请 CN107386041A 在沥青含砂雾封层材料中添加聚氨酯纤维，提高了含砂雾封层材料对微小裂缝的自愈合能力，降低了道路的维修成本。

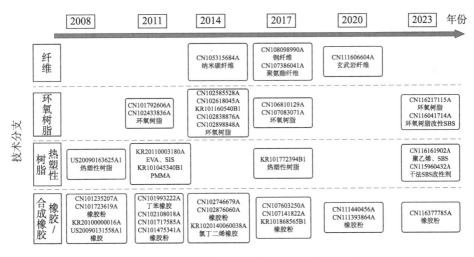

图 3 - 6 - 6　沥青基修复材料改进技术路线

　　自橡胶沥青发展以来，相关方面对沥青基修复材料的改性始终保持着极大的研究热情。2008 年之前相关专利申请量较少，申请也主要集中在 SBS 和橡胶粉对沥青的改性，以和沥青形成共混材料，提高沥青基修复材料的弹性以及黏合力。比如申请 CN101235207A 采用橡胶粉改性石油沥青，并加入填充剂、促进剂和增容剂，降低了产品的生产成本，提高了裂缝嵌封材料的黏合力，能够有效防止新裂缝的产生。申请 CN101723619A 采用橡胶粉以及 SBS 对沥青进行改性，提高了沥青基修复材料的路用性能。申请 KR20100000016A 在直馏沥青中加入5%—25% 的热塑性 SBS 和 5%—10% 的液态氯化橡胶，并对橡胶材料进行硫化，与沥青组分相互作用，表现出了优异的耐磨性、耐水性和温度依赖性，从而防止裂纹扩展和水分渗透，延长道路的寿命。

　　热塑性树脂改性沥青基修复材料方面，比如申请 KR20110003180A 采用EVA、SIS 对沥青进行改性，专利 KR101045340B1 采用 PMMA 对沥青进行改性，上述方法均提高了沥青基修复材料的路用性能。申请 CN115960432A 采用干法SBS 改性剂，将其用于改性沥青，提高了沥青的低温抗裂性。

　　随着道面技术的发展，技术人员发现橡胶、热塑性树脂改性虽然有助于提升沥青基修复材料的高、低温性能，但由于其主要以物理改性为主，因此上述改性方式对于高温性能的提升是非常局限的。因此，环氧树脂等热固性树脂逐步被用于改性沥青。申请 US5604274A 给出了总量 4%—30% 含有环氧基团的聚合物改性的沥青作 A 组分，B 组分是用胺、酸酐、醇、羧酸和硫脲改性的沥青，A 和 B混合作为铺装材料，其中 A 组分 80%—95%，B 组分 5%—20%，含有环氧基团的聚合物在沥青中形成连续相，由此得到具有热固性能的沥青。申请 CN101792606A采用环氧树脂对沥青进行改性固化，从本质上改变了沥青的黏弹性本质，制备出的环氧沥青材料既有高的强度，又有好的柔韧性。由于环氧沥青优异的耐高温性能以及强度，国内外技术人员均保持着对环氧沥青的研究热情，比如：专利KR101160540B1、申请 CN102838876A、CN107083071A 表明环氧类基团的加入能够提升修复材料的力学性能、耐高温性能以及抗车辙性能等；国路高科（北京）工程技术研究院有限公司的申请 CN116217115A 采用环氧树脂、固化剂作为热反改性组分，并将其与 SBS 复合使用，提高了沥青混合料的抗车辙性能。

3.6.5　技术功效分析

　　图 3-6-7 为沥青基修复材料技术功效矩阵。可以看出，沥青基修复材料作为传统道面修复材料，其相关研究已经相对成熟，其改性方向主要集中在橡胶/合成橡胶、热塑性树脂、纤维和集料配比，以实现抗裂、抗车辙、黏合力、耐久、温度稳定等性能的提升。沥青基修复材料的抗老化研究相关专利申请较少。对于沥青基材料的抗裂性能，技术人员采用最多的手段为橡胶/合成橡胶改性、

热塑性树脂、添加纤维或者改进集料配比。对于抗车辙性能，技术人员多采用环氧树脂改性以及改进集料配比、添加抗车辙剂。同时，对于抗车辙性能，一般会带有修复材料强度以及高温稳定性的提升。

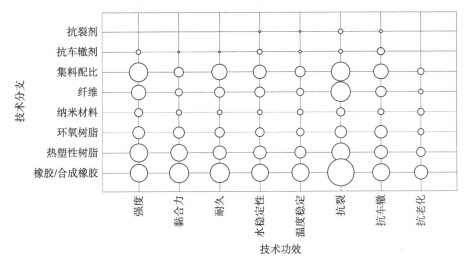

图 3 - 6 - 7　沥青基修复材料技术功效矩阵

注：图中圆形大小对应申请量多少。

此外，值得说的是，近些年来，由于环氧沥青展现出的高温稳定性以及高抗车辙性能，环氧沥青在国内从桥面铺装逐步转向机场道面铺装的尝试。《机场环氧沥青道面设计与施工技术规范》（MH/T 5041—2019）的发布为环氧沥青在机场道面中的应用提供了依据和技术指导。2021 年，赣深高速采用环氧沥青材料作为嵌缝料，提高了嵌缝材料的黏结强度与耐久性，降低了施工成本。基于环氧官能团具有的黏结性，其改性沥青基材料整体具有热固性，对于机场道面裂缝以及车辙防治具有良好的处治和预防效用，这也为环氧沥青在机场道面的使用提供了理论基础。但环氧沥青在机场道面的总体专利申请量小，存在诸多技术空白区有待专利布局。

3.6.6　重要创新主体的技术发展分析

图 3 - 6 - 8、图 3 - 6 - 9 分别为沥青基修复材料全球和中国主要申请人申请量情况。长安大学为全球范围内沥青基修复材料申请量最多的申请人，东南大学和中国石油化工股份有限公司紧随其后，三者专利申请量比较接近。国外韩国与美国的申请量较多，KOREA INDUSTRY TECHNOLOGY INSTITUTE 以及 ROAD SEAL 公司为韩国申请量最多的企业。从中国专利申请主体来看，申请人多为高校和企业。

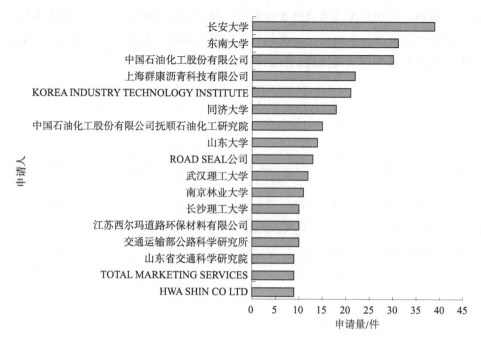

图3-6-8 沥青基修复材料全球专利申请主要申请人排名

以下根据道面沥青基修复材料领域申请人申请量排名、申请趋势等重要指标，筛选出具有代表性和借鉴意义的重要申请人，以重要申请人的专利布局和研发方向为切入点，以期得到具有参考借鉴意义的技术研发方向和专利布局引导。

韩国ROAD SEAL公司对沥青基修复材料研究较早，且主要集中在橡胶和热塑性树脂对沥青基修复材料的改性上，修复材料制品主要用于裂缝修复，1999年已经开始申请和布局相关专利。专利KR100332632B1采用SBS、废旧轮胎橡胶粉末改性沥青/乳化沥青，并将其用于道路修补剂，提高了耐热性和强度。申请KR20020078688A、专利KR100982734B1、KR101395523B1采用SBS改性沥青，将其用作裂缝修补剂，提高了温度稳定性、抗裂性以及黏合力。专利KR101635323B1、KR101641469B1、KR101832182B1采用热塑性弹性体（丙烯酸类共聚物）改性沥青，并将其与碳纤维片混用，提高了裂缝修复的机械性能。2019—2020年，专利KR102005941B1、KR102005942B1、申请KR20220094800A采用热塑性弹性体、橡胶粉以及SBS共同改性沥青密封剂，并加入氧化石墨烯纳米材料，提高了密封剂的耐久性能。

中国重点申请人和相关专利、研发团队参见表3-6-2。国内各高校、科研院所以及企业对于沥青基修复材料用于裂缝的研究较多。对于车辙修复，东南大学进行了较多的研究，其研发主要方向为环氧沥青在机场道面的应用。此外，国路高科（北京）工程技术研究院有限公司对于降低抗车辙环氧沥青铺筑成本也有相关研究。

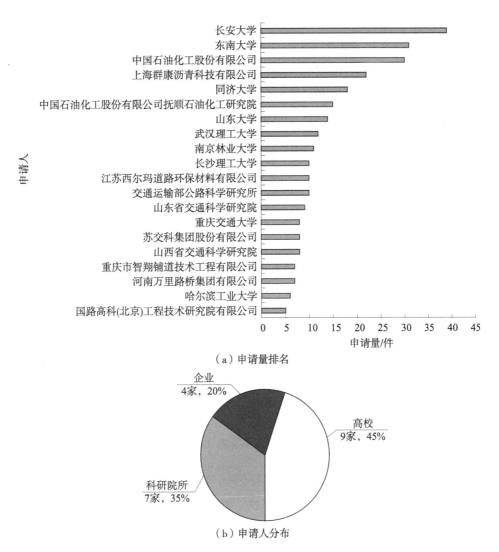

（a）申请量排名

（b）申请人分布

图 3-6-9　沥青基修复材料中国专利申请主要申请人排名和分布

表 3-6-2　沥青基修复材料国内主要申请人

申请人	公开号	研究方向	针对病害	研究团队
长安大学	CN105273422A	生物材料沥青	裂缝	裴建中、李蕊、
	CN112194773A	聚酯弹性体、沥青	裂缝	
	CN106477974A	玻璃纤维、环氧沥青	裂缝	邢明亮、孙岳、王小雯、刘子铭、薛哲
	CN107236313A	聚氨酯、沥青	裂缝	王志祥、许新权、吴传海、李善强、肖春发

续表

申请人	公开号	研究方向	针对病害	研究团队
中国石油化工股份有限公司、中国石油化工股份有限公司抚顺石油化工研究院	CN101418127A	SBS 沥青	裂缝	范思远、陈杰
	CN103044930A	SBS 沥青	裂缝	
	CN101723619A	废胶粉沥青	裂缝	
	CN105586819A	SBS/SBR、聚合物改性沥青	裂缝	张建峰、郭皎河、刘树华、傅丽、姚汉荣
	CN105585273A	硬沥青	车辙	陈保莲、宁爱民、范思远
东南大学	CN115353518A	环氧沥青	裂缝	张丰雷、张磊、黄卫
	CN107345073A	生物结合料沥青	裂缝	杨军、徐刚、朱浩然、龚明辉、卢桂林
	CN116396014A	环氧沥青	车辙	闵召辉、孔立达、石志勇
	CN107324694A	苯乙烯树脂改性沥青	车辙	高英、杨雪琦、贾彦顺
交通运输部公路科学研究所	CN104987735A	有机硅改性环氧沥青	裂缝	曹东伟、张海燕
	CN105130278A	双环戊二烯改性环氧沥青	裂缝	
	CN106145776A	聚氨酯沥青	车辙	
武汉理工大学	CN116377785A	废胶粉、磁吸波材料	裂缝	陈安琪、朱鸿斌、李元元
山东大学	CN110423090A	SBR 沥青	裂缝	梁明、姚占勇、蒋红光、张吉哲
国路高科（北京）工程技术研究院有限公司	CN116217115A	SBS、环氧沥青	车辙	唐国奇、王涵、薛晓飞、魏艳萍、孙建武

根据上述分析可知，领域内重点申请人对于沥青基修复材料的改性并没有脱离整体大方向，采用高分子化合物对沥青改性仍然是领域主流。不论是早期采用

弹性体材料对沥青所进行的物理改性，还是随后发展的采用热固性材料对沥青进行化学改性，都极大地改进了沥青基修复材料的路用性能。

而对于裂缝和车辙的处理方式，裂缝修复更多采用热塑性材料进行改性，这取决于热塑性材料优异的弹性以及黏合力、抗裂性能；而对于车辙而言，则更多要求修复材料的高强度以及高温稳定性，因此，热固性材料改性沥青成为近些年来的研究热点，采用环氧树脂改性沥青成为抗车辙的主要材料。而近些年来，由于环氧沥青的施工成本高，以及环氧沥青与固化剂存储问题，如何降低环氧沥青施工成本以及提高储存稳定性成为领域内亟待解决的问题。

此外，为节约道面修复成本，基于沥青本身所具备的黏弹性，技术人员逐渐从改性物质本身出发，赋予修复材料微波、磁、热等响应性能（申请 CN116377785A、CN107324694A），使得沥青基修复材料在具备路用基础性能之外，具有简单自我恢复能力。

3.6.7　小　　结

本节对沥青基修复材料进行分析，小结如下：

（1）中国沥青基修复材料相较于全球稍显滞后，但增长趋势趋同。中国沥青基发展自起步以来发展迅速。

（2）中国专利申请量居于全球首位。国外申请人以韩国和美国为主。韩国专利技术主要集中在裂缝修复，多采用橡胶/热塑性物质改性沥青。中国申请对于裂缝和车辙修复均有相关布局。

（3）沥青基修复材料的道面裂缝和车辙修复逐渐从大病害的事后修复转变为预防性养护。

（4）沥青基修复材料技术改进主要有橡胶沥青、热塑性树脂改性沥青、环氧沥青、纳米材料、掺入纤维或者调整集料配比。其中，掺入纤维主要功效是为了提升沥青基修复材料的抗裂性；橡胶、热塑性树脂改性沥青多用于修复裂缝；环氧沥青多用于抗车辙改性，目前多用于桥面铺装，但由于其表现出优异的路用性能，将其用于机场道面以解决裂缝、车辙病害是日后的研究趋势。而如何降低环氧沥青的成本以及改善其固化特性是领域内的需要解决的问题。

（5）沥青基修复材料通常为高分子改性。为了节约修复成本，在沥青基修复材料中添加微波、磁、热等响应物质，能够对于微小裂缝以及轻微车辙进行自我恢复。

（6）长安大学、中国石油化工股份有限公司、东南大学、武汉理工大学、山东大学、国路高科（北京）工程技术研究院有限公司是沥青基修复材料重要创新主体。其中，长安大学主要针对裂缝修复进行研究，东南大学对于环氧沥青的研究较为深入。

第4章 道面防水材料专利技术分析

4.1 水泥基渗透结晶防水材料

水泥基渗透结晶防水材料是一种用于水泥混凝土的刚性防水材料，其中的活性物质作用取决于渗透和结晶两个过程。该材料最早由德国化学家 Lauritz Jensen于1942年发明，用于解决水泥船出现的渗透问题，从而缓解二战时期的用钢压力。进入20世纪60年代，欧洲、美国、日本等国家和地区相继对此进行发展，形成了典型的产品，例如德国的 VANDEX（稳挡水）、加拿大的 XYPEX（赛柏斯）和 KRYSTOL（凯顿）、美国的 PENETRON（澎内传）、澳大利亚的 CRYS-TAL、日本的 PANDEX、新加坡的 FORMDEX（防挡水）。我国水泥基渗透结晶防水材料起步较晚，最早于20世纪80年代初在上海的地铁建设中引进。由于国外技术的保密与封锁，后来的发展主要集中于对进口水泥基渗透结晶防水材料母料中的活性物质进行试验研究及配方设计，利用国内非核心材料实现了此类材料的半自主生产。本节对水泥基渗透结晶防水材料的国内外专利/专利申请进行分析。

4.1.1 专利技术整体态势

本节专利数据检索时间截至2023年9月30日。由于2023年的部分数据还没有进入公开阶段，故2023年的数据不完整，不代表这个年份的全部申请。

对水泥基渗透结晶防水材料专利申请趋势进行分析发现，虽然水泥基渗透结晶防水材料起源于德国，并且欧美国家生产并使用了诸多产品，但国外水泥基渗透结晶防水材料的配方仍处于保密状态，专利申请少，仅有3件来自世界知识产权组织的申请和1件来自智利的申请，除此之外全部为中国专利申请。3件来自世界知识产权组织的申请中，WO2020173220A2 和 WO2009146572A1的申请人来自中国，介绍了渗透结晶材料的配方，还有1件来自朝鲜申请人的 WO2017159884A1。

如图4-1-1所示，水泥基渗透结晶防水材料的中国申请主要经历了技术萌芽期和技术发展期两个阶段。虽然水泥基渗透结晶防水材料于20世纪80年代引入我国，但仅仅只是进口国外产品进行工程应用。为适应水泥基渗透结晶防水材料在我国的快速发展和应用，我国于 2001 年 3 月正式实施国家标准 GB 18445—2001《水泥基渗透结晶型防水材料》，这是由对多家国外进口的水泥基渗透结晶防水材料母料进行性能检测后得出的重要指标。在这之后的 2003 年，我国开始了水泥基渗透结晶防水材料的专利申请，但时至 2009 年，年申请量仍不足 10 件，属于技术萌芽期，国内申请人对该材料进行了技术上的初步探索。2010 年起，中国关于水泥基渗透结晶防水材料的申请量整体迅速增长，短时间内实现翻番。随着新形势的发展，为了进一步地规范和提升水泥基渗透结晶防水材料产品质量，新的国标 GB 18445—2012《水泥基渗透结晶型防水材料》在 2013 年 11 月正式实施，这也进一步掀起了对水泥基渗透结晶防水材料进行专利申请和布局的热潮，水泥基渗透结晶防水材料进入技术发展期。

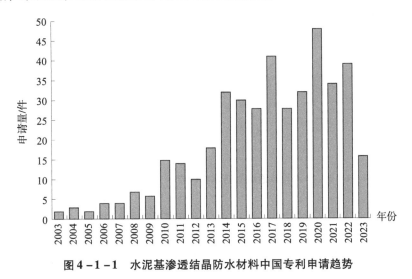

图 4 - 1 - 1　水泥基渗透结晶防水材料中国专利申请趋势

4.1.2　法律状态分析

如图 4 - 1 - 2 所示，对中国专利申请的法律状态进行分析，授权专利为 151 件，其中维持有效的专利为 115 件，维持在较高水平。各申请人对水泥基渗透结晶防水材料保持了相对较高的重视程度，并且尚有 58 件申请处于实质审查过程中。

4.1.3　申请人分析

如图 4 - 1 - 3 所示，对中国申请人类别分布进行分析，可见企业占据水泥基渗透结晶防水材料专利申请的主导地位，为 72%。水泥基渗透结晶防水材料属于新型防水材料，具有良好的市场应用前景，受到企业在研发和专利布局上的青睐。个人申请和高校申请也占据了比较高的比例。

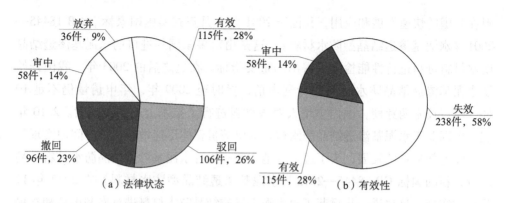

（a）法律状态 （b）有效性

图4-1-2 水泥基渗透结晶防水材料专利申请法律状态分布及专利申请有效性分布

图4-1-3 水泥基渗透结晶防水材料专利申请中国申请人类别分布

如表4-1-1所示，中国申请人对水泥基渗透结晶防水材料的申请并不多，其中桂林市和鑫防水装饰材料有限公司最多，但其申请时间较为集中，且主要集中于采用内掺母料形式制备防水材料，更侧重对水泥基渗透结晶防水材料的应用，而未对具体渗透结晶防水材料的配方进行深入布局。安徽朗凯奇申请了9件涉及渗透结晶防水材料产品配方专利，其中6件申请已授权，2件申请在实质审查过程中，1件申请失效。其对授权专利进行了质押融资，产生了较好的经济效益。华南理工大学申请了7件发明专利，主要涉及渗透结晶防水材料产品及其应用。中铁隧道勘察设计研究院有限公司和中铁隧道局集团有限公司（以下简称"中铁隧道"）共同申请了5件专利，均涉及渗透结晶防水材料配方。此外，同济大学、青岛理工大学、东南大学、武汉理工大学、中建西部建设股份有限公司、江苏博特新材料有限公司、中国建筑材料科学研究总院及其下属单位中建材中岩科技有限公司等高校和企业同样对水泥基渗透结晶防水材料进行了专利布局。

表4-1-1 水泥基渗透结晶防水材料专利申请重点申请人

申请人	申请量/件	申请人	申请量/件
桂林市和鑫防水装饰材料有限公司	12	石家庄铁道大学	2

申请人	申请量/件	申请人	申请量/件
安徽朗凯奇	9	交通运输部公路科学研究所	2
华南理工大学	7	北京中建柏利工程技术发展有限公司	2
中铁隧道勘察设计研究院有限公司	5	武汉理工大学	2
中铁隧道局集团有限公司		江苏凯伦建材股份有限公司	2
同济大学	4	江苏博特新材料有限公司	2
成都新柯力化工科技有限公司	4	济南大学	2
北京东方雨虹防水技术股份有限公司	3	浙江研翔新材料有限公司	2
江门市蓬江区智远防水建材有限公司	3	浙江裕洋隧道管片制造有限公司	2
青岛理工大学	3	湖南加美乐素新材料股份有限公司	2
中建西部建设股份有限公司	3	中国建筑材料科学研究总院	2
东南大学	2	中建材中岩科技有限公司	

4.1.4 技术构成与发展脉络

对水泥基渗透结晶防水材料的相关专利申请进行技术标引，得到其具体技术构成。如图4－1－4所示，为满足防水效果，水泥基渗透结晶防水材料的实现路径包括采用硅酸盐、偏硅酸盐、氟硅酸盐、碳酸盐/碳酸氢盐、氟化物、纳米粒子、硫酸盐、熟料矿物、羟基羧酸盐与其他类型作为活性物质，其中，又以硅酸盐、碳酸盐/碳酸氢盐、纳米粒子和硫酸盐作为主导，偏硅酸盐、氟硅酸盐、氟化物、熟料矿物和羟基羧酸盐位列其后。

从图4－1－4可以看到，水泥基渗透结晶防水最早采用硅酸盐作为活性剂用于水泥基渗透结晶防水材料，后续陆续出现碳酸盐/碳酸氢盐、氟化物、硫酸盐等活性材料，在2014年以后开始出现大量专利申请。20多年来硅酸盐、碳酸盐/碳酸氢盐、纳米粒子和硫酸盐作为活性材料的技术分支保持了相对稳定的年申请量，技术发展逐渐进入成熟阶段。

4.1.5 技术功效分析

如图4－1－5所示，通过对水泥基渗透结晶防水的技术功效进行分析发现，防水抗渗性是最为聚焦的性能，这与路面防水的要求是相契合的。实现防水抗渗性最主要的措施为采用硅酸盐、纳米粒子、碳酸盐/碳酸氢盐和硫酸盐作为活性

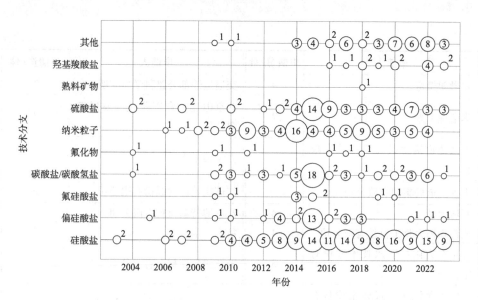

图4-1-4 水泥基渗透结晶防水材料的技术改进方向变化趋势

注：图中数字表示申请量，单位为件。

物质，耐久性能和力学性能也占据一席之地。然而，如何对活性化学物质进行复配和调整掺用比例以配制出满足实际工程需求的水泥基渗透结晶防水材料方向，存在较多技术空白，可能会成为水泥基渗透结晶防水产品未来研究的方向。

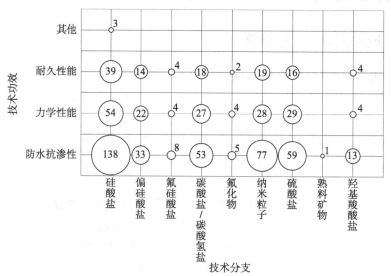

图4-1-5 水泥基渗透结晶防水的技术功效矩阵

注：图中数字表示申请量，单位为件。

4.1.6 重要创新主体的技术发展分析

根据专利技术稳定性、技术先进性和保护范围，结合市场和研发能力，对重要创新主体及其核心专利进行分析，如表4-1-2所示。安徽朗凯奇、中铁隧道、

表 4 - 1 - 2　重点创新主体核心专利分布

申请人	公开（授权）号	申请日	发明人	专利有效性	成分	专利稳定性	保护范围	转化
	CN111892361B	2020 - 07 - 03		有效	氟化钾、氨基三甲叉膦酸四钠、磷酸钠、草酸钠、硫酸镁、硅酸钠	好	较大	质押
	CN112142437B	2020 - 09 - 14		有效	水泥、硅酸钠、N，N'-二（乙二酰基苯基）草酰胺、葡萄糖酸钠、表面活性剂、沸石、可再分散性乳胶粉、超支化聚合物、石英砂、矿粉	好	较大	质押
安徽朗凯奇	CN110436849B	2019 - 08 - 13	张军、乔启信	有效	水泥、石英砂、可分散乳胶粉、渗透结晶母料、羟丙基甲基纤维素、有机硅消泡剂、所述渗透结晶母料包括以下重量百分比原料：氧化钡、十二水合硫酸铬、硫酸铜、硫酸镁、马来酸-丙烯酸共聚物钠盐	好	较大	—
	CN109111167B	2018 - 08 - 10		有效	硅酸盐水泥、石英砂、复合树脂胶粉、减水剂、紫外线吸收剂、氧化钒、氧化镁、酒石酸镁、硫酸锌、硫酸铝酸钙	好	较大	质押
	CN108529996B	2018 - 05 - 21		有效	改性硫铝酸盐水泥、石英粉、减水剂、紫外线吸收剂、硅酸锂、氨三乙酸、氯化钡	好	较大	质押

续表

申请人	公开（授权）号	申请日	发明人	专利有效性	成分	专利稳定性	保护范围	转化
中铁隧道	CN111848043B	2020-07-28		有效	硅酸盐水泥、石英砂、磷酸改性钢渣粉、石墨烯改性硅酸钠、脱硫消石灰混合物、膨润土柠檬酸异丁基三乙氧基硅烷混合物、醋酸乙烯酯VAE胶粉混合物、乙二胺四醋酸酒石酸硅酸盐油混合物	好	较大	—
	CN113979667B	2021-09-30	刘永胜、贺雄飞、洪开荣	有效	苹果酸-草酸、甲基硅酸钠、改性硅油、碱性金属硅酸盐溶液	好	较大	—
	CN111807791B	2020-07-28		有效	硅酸盐水泥、石英砂、快凝快硬水泥、石墨烯改性钢渣微粉、碳酸钙、元明粉、润土、柠檬酸和异丁基三乙氧基硅烷的混合物、核心母料为膨核心母料	—	—	—
	CN113072345A	2021-03-26		审中	硅酸盐水泥、石英砂、快凝快硬水泥、活性母料、碱性渗透剂、草酸与甲基硅酸钠的混合物、重质滑石粉、活性母料为600目钢渣粉、高炉水渣超细粉	—	—	—
	CN113045275A	2021-03-26		审中	硅酸盐水泥、石英砂、水性有机硅改性沥青、滑石粉、重质碳酸钙、活性母料、活性母料为600目钢渣超细粉、乙二胺四乙酸二钠、柠檬酸与甲基硅酸钾的混合物	—	—	—

续表

申请人	公开（授权）号	申请日	发明人	专利有效性	成分	专利稳定性	保护范围	转化
华南理工大学	CN106946518B	2017-01-9	张心亚、李广彦	有效	硅酸盐水泥、石英砂、膨胀剂、缓冲剂、活性组分A、B、活性组分A为乙二胺四乙酸、乙二胺四乙酸四钠和草酸钠的一种或多种；所述活性组分B为硅酸钠、磷酸钠和偏铝酸钠的一种或多种、碳酸氢钠、碳酸钠、碳酸氢钾、碳酸钾的一种或多种	好	较大	—
江苏博特新材料有限公司	CN102432222B	2011-09-26	缪昌文、崔巩	有效	超细矿粉、粉煤灰、氢氧化钙、纳米二氧化硅、有机硅助剂、聚丙烯酸钠聚羧酸减水剂	好	较大	转让
	CN101891432B	2010-07-14		有效	硅酸盐水泥、石英砂、填料、钙离子化合物、结晶沉淀剂、络合助剂、成膜助剂、络合剂、聚羧酸类减水剂、甲基纤维素	好	较大	转让
	CN101619203B	2009-08-03		失效	酒石酸、氟化钠、硅化钠、硅溶胶、硅烷乳液	—	—	—
	CN100355853C	2004-12-30		有效	硅酸盐水泥、高铝熟料、二水石膏、膨润土、石英砂、十二水硫酸铝钾、乳胶粉、聚丙烯酸钠	好	较大	转让
同济大学	CN1472160A	2003-05-08	蒋正武、孙振平	失效	高铝熟料、硅氧烷乳液、十二水硫酸铝钾、β-甲基萘磺酸盐缩聚物、氢氧化钙、硅酸钾、硅酸钠、聚丙烯纤维	—	—	—
	CN100347249C	2003-05-08		失效	硅酸盐水泥、甲基萘磺酸钠缩合物、水性硅烷或硅氧烷乳液、十二水硫酸铝钾、氢氧化镁、硅酸钠、氢氧化钙、膨润土、石英砂	—	—	—

续表

申请人	公开（授权）号	申请日	发明人	专利有效性	成分	专利稳定性	保护范围	转化
北京东方雨虹防水技术股份有限公司	CN102167547B	2010-12-22	田凤兰、段文锋	有效	水泥、膨胀剂、石英砂、矿物添加剂、减水剂、缓凝剂、结晶沉淀剂、络合剂、钙离子补偿剂、晶体生长剂	好	较大	转让
中建材中岩科技有限公司	CN110156383B	2019-04-30	马强、尹润平	有效	水泥、石膏、硅灰、结晶诱导剂、纳米材料分散剂、活化剂、碳化加速剂、钙离子补偿剂、表面活性剂、水	好	较大	—
苏州佳固士新材料科技有限公司	CN106904928B	2017-02-28	姚国友、安雪晖	有效	硅酸钠、表面活性剂、反应延迟剂、还原剂、反应促进剂、抗冻结剂、金属离子封锁剂、表面强化剂、防锈	好	较大	转让
青岛理工大学	CN104230376B	2014-09-04	李绍纯、赵铁军	有效	有机硅单体、乳化剂、硅溶胶、硅烷偶联剂、消泡剂、成膜助剂	好	较大	—

华南理工大学、江苏博特新材料有限公司、同济大学、北京东方雨虹防水技术股份有限公司、中建材中岩科技有限公司、苏州佳固士新材料科技有限公司、青岛理工大学有授权保护范围较大的专利，并且其中部分专利已实现专利转化，可以进行技术合作与产品联合。

4.1.7　小　　结

本节对水泥基渗透结晶防水材料进行分析，小结如下：

（1）全球和中国水泥基渗透结晶防水材料均经历了技术萌芽期和技术发展期。自 2010 年起，中国的申请量迅速增长。

（2）申请人以中国申请为主。中国申请人中企业占据大多数。个人申请和高校申请也占据了比较高的比例。

（3）水泥基渗透结晶防水材料的实现路径包括硅酸盐、偏硅酸盐、氟硅酸盐、碳酸盐/碳酸氢盐、氟化物、纳米粒子、硫酸盐、熟料矿物、羟基羧酸盐与其他类型作为活性物质，其中，又以硅酸盐、碳酸盐/碳酸氢盐、纳米粒子和硫酸盐作为主导，偏硅酸盐、氟硅酸盐、氟化物、熟料矿物和羟基羧酸盐位列其后。

（4）从技术发展脉络图可以看到，水泥基渗透结晶防水材料最早采用硅酸盐作为活性剂用于水泥基渗透结晶防水材料，后续陆续出现碳酸盐/碳酸氢盐、氟化物、硫酸盐等活性材料，在 2014 年以后开始出现大量专利申请。近 20 年来硅酸盐、碳酸盐/碳酸氢盐、纳米粒子和硫酸盐作为活性材料的技术分支保持了相对稳定的年申请量，技术发展逐渐进入成熟阶段。

（5）对水泥基渗透结晶防水的技术功效分析发现，防水抗渗性是最为聚焦的性能，耐久性能和力学性能也占据一席之地。如何对活性化学物质进行复配和调整掺用比例以配制出满足实际工程需求的水泥基渗透结晶防水材料方向，存在较多技术空白，可能会成为水泥基渗透结晶防水产品未来研究的方向。

（6）安徽朗凯奇、中铁隧道、华南理工大学、江苏博特新材料有限公司、同济大学、北京东方雨虹防水技术股份有限公司、中建材中岩科技有限公司、苏州佳固士新材料科技有限公司、青岛理工大学为水泥基渗透结晶防水材料重要创新主体。

4.2　硅烷浸渍剂

硅烷浸渍剂是一种高纯度的异丁基三乙氧基硅烷或异辛基三乙氧基硅烷，是一种得到国家混凝土行业耐久性防腐规范推荐的产品，其原理是利用硅烷特殊的小分子结构，穿透混凝土表层，渗入混凝土表层深部，提供持久的保护。该技术从 20 世纪 70 年代起在欧美、澳大利亚等国家和地区广泛被用于公路、海港、高架桥等结构的混凝土保护。国内对于硅烷浸渍剂的研究起步较晚。本节对硅烷浸渍剂防水材料的国内外专利/专利申请进行分析。

4.2.1 专利技术整体态势及法律状态分析

本节专利数据检索时间截至 2023 年 9 月 30 日。由于 2023 年的部分数据还没有进入公开阶段，故 2023 年的数据不完整，不代表这个年份的全部申请。

图 4-2-1 显示了全球和中国在硅烷浸渍防水领域专利的申请趋势和分布。硅烷浸渍防水技术在全球范围内起步较早，在 20 世纪 70 年代处于技术萌芽期，国外逐步采用硅烷浸渍剂。之后，硅烷浸渍防水专利技术缓慢增长，专利申请数

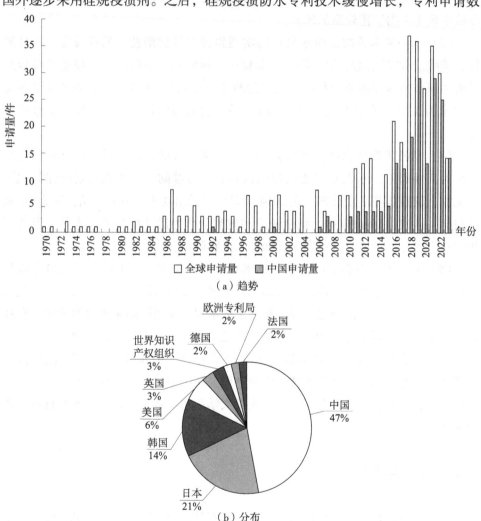

（a）趋势

（b）分布

图 4-2-1 硅烷浸渍防水领域全球和中国专利申请趋势和分布

量呈整体缓慢上升的趋势，并在 2010 年之后快速发展。国内专利申请相较于全球硅烷浸渍防水专利技术的发展而言，起步较晚，起步阶段主要依靠进口国外产品进行应用，这缘于异丁基三乙氧基硅烷生产工艺复杂，关键技术突破难度大。之后，随着技术人员的深入研究，1992 年德国瓦克公司在中国初次申请，随后国内硅烷浸渍专利技术开始萌芽，2010 年后申请量缓慢增加，在 2016 年之后呈现出快速发展的态势。结合全球各国的专利技术分布，可见中国专利申请量占全球专利申请量的 47%，居首位，这显示出我国硅烷浸渍剂专利申请虽然起步较晚，但是由于混凝土防水需求量大，技术人员一直对其保持着研究热情。日本申请量位居第二位，占总申请量的 21%。紧随其后的是韩国和美国，分别占比 14% 和 6%。这表明日本、韩国、美国在硅烷浸渍防水领域也具有良好的技术积累，在该领域进行了布局，具有较高水平的技术敏感度和研发水平。

对中国硅烷浸渍防水材料相关专利申请进行法律状态和专利有效性分析，结果如图 4 - 2 - 2 所示。中国硅烷浸渍防水材料相关专利的授权量为 169 件，其中已授权并维持有效的专利 127 件。可见，中国硅烷浸渍防水材料相关专利的授权率和有效率保持了较高的水平。并且，中国硅烷浸渍防水材料相关专利申请中有 47 件处于实质审查阶段，表明中国在硅烷浸渍防水领域仍然保持着一定的研发热情。

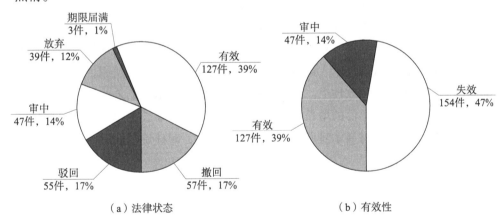

（a）法律状态　　　　　　　　　（b）有效性

图 4 - 2 - 2　硅烷浸渍防水领域中国专利申请法律状态分布及专利申请有效性分布

4.2.2　技术构成

图 4 - 2 - 3 显示了硅烷浸渍防水材料专利申请中采用的技术手段，主要集中于：①工艺控制：对工艺进行合理设计；②硅烷选择：硅烷种类的选择和搭配；③添加助剂：添加所需性能的助剂。其中，涉及工艺控制的专利申请占比较大。专利申请中通常会公开硅烷浸渍防水材料的制备和使用方法，主要包括直接涂覆在基材表面、在混凝土制备时即作为组分加入以及作为硅烷浸渍助剂加入其他成

膜固化体系中。硅烷组分是硅烷浸渍防水材料的主体成分，对材料与基材的结合力以及防水、防腐、强度等性能起着重要作用，由此对硅烷种类的选择以及采用多种性能的硅烷进行复配也是提高材料综合性能的有效手段。此外，添加助剂也是组合物体系中的重要手段，故也是创新主体所关注的。

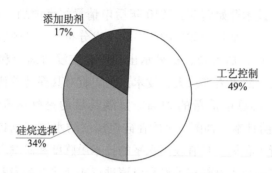

图 4 - 2 - 3　硅烷浸渍防水材料专利申请技术构成

4.2.3　技术发展脉络

图 4 - 2 - 4 给出了 1952—2023 年硅烷浸渍防水材料专利申请涉及的主要技术改进方向：硅烷选择、添加助剂以及工艺改进。可以看出，自硅烷浸渍剂专利技术发展以来，硅烷选择以及添加助剂改进专利数量大致相同，随着年份的增长也表现出相同的发展趋势，均为缓慢增长，这也说明，硅烷浸渍剂作为传统有机小分子防水剂，领域内技术人员研究重点始终聚焦于硅烷复合使用，以及通过添加助剂对硅烷进行物理改性上。而对于硅烷浸渍防水技术的工艺改进研究有着较多的申请量，且随着年份的增长，领域内申请量呈现出增长的趋势，也说明技术人员在研究硅烷浸渍材料本身所带来的性能基础上，对硅烷浸渍材料的施工工艺保持着较高的关注度。

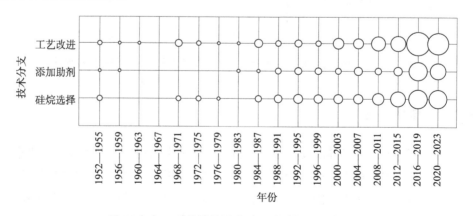

图 4 - 2 - 4　硅烷浸渍防水材料改进方向发展趋势

注：图中圆形大小对应申请量多少。

图4-2-5展现出了硅烷浸渍技术工艺发展脉络。硅烷浸渍防水材料在领域中的施工工艺主要有：喷涂/涂覆在混凝土的表面、直接掺入混凝土材料或者作为其他涂覆材料的助剂使用。从图中可以看出，领域中将硅烷浸渍材料直接涂覆在混凝土表面进行防水是主要的施工方式，其申请量最多，共131件。作为其他涂覆材料助剂使用在硅烷浸渍防水领域中也有所应用，但发展缓慢。将硅烷浸渍材料直接掺入混凝土材料中使其起到防水作用的专利申请近些年来突然增多，这也体现出硅烷浸渍材料在施工工艺上发展逐步趋于多元化。

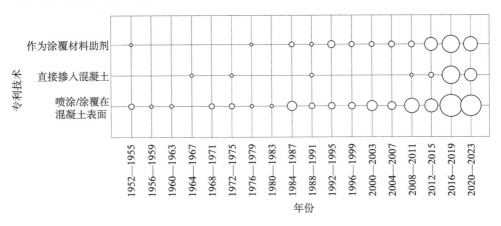

图4-2-5　硅烷浸渍防水材料工艺改进方向发展趋势

注：图中圆形大小对应申请量多少。

硅烷浸渍材料作为传统防水材料，在混凝土中的使用可以有效提高混凝土的防水、耐腐蚀等性能。硅烷浸渍材料所带来的优异性能与其在混凝土中的浸渍深度有密切联系。就目前专利技术发展来看，硅烷浸渍防水材料逐渐由技术起始阶段采用的单一硅烷或简单硅烷复配，转至添加助剂进行材料整体改性，比如申请CN102674887A、CN107556050A、CN104529528A。硅烷选择也从起始的烷基硅烷逐渐向功能性硅烷单体发展，比如申请CN112745738A掺入含有氨基、环氧基以及不饱和双键参与底漆的固化反应，提高界面防护能力；申请CN108002863A采用带有不饱和双键的硅烷提高了附着能力。但是目前领域内对于功能性硅烷材料的研究多局限于物理改性，化学改性方向的研究相对较少，存在较多的技术空白，这也可能成为硅烷浸渍防水材料未来研究的方向。同时，为了提高硅烷浸渍材料的防水以及耐腐蚀性能，近些年来，将硅烷单体与纳米二氧化硅、纳米二氧化钛等纳米材料复合，在保证硅烷浸渍防水材料浸渍深度的同时，能够有效封堵混凝土内部孔隙，阻挡水以及有害离子的侵入，比如申请CN112110747A、CN109422516A、CN108017411A、CN113563109A、CN115677381A均在硅烷浸渍剂中掺入纳米二氧化硅，极大提升了硅烷浸渍材料的防水耐腐蚀性能，提高了混凝土材料的使用寿命。

4.2.4　技术功效分析

图 4－2－6 为硅烷浸渍防水材料技术功效矩阵。防水材料的功效主要集中于：①强度高：形成的防水材料的表面强度和硬度高；②稳定耐久性：材料的稳定性强、耐久性好、使用寿命长；③防水效果佳：实现良好的防水效果；④耐腐蚀：具有良好的耐酸、碱、盐等耐腐蚀性能；⑤利于施工：成本低、操作简单、施工便捷；⑥渗透能力高：对基材的渗透深度深，与基材的结合效果好。

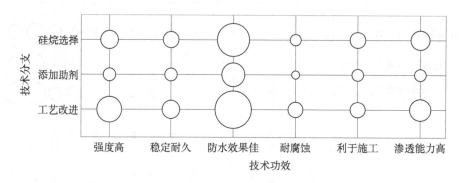

图 4－2－6　硅烷浸渍防水材料技术功效矩阵

注：图中圆形大小对应申请量多少。

也就是说，从技术效果的角度出发，目前研究者更注重硅烷浸渍材料的防水效果以及浸渍深度（渗透能力），而针对硅烷浸渍材料的稳定性和施工性能等方面，相关的申请较少，存在较多的技术空白。提高稳定耐久性、耐腐蚀性可以延长材料的使用寿命，从而可以节省大量维护费用。提高结构安全性，减缓消耗进程，延长服役寿命，也可能成为高品质硅烷浸渍防水修复材料未来研究的方向。而工艺相关的专利申请虽然最多，但也主要是由于这些专利申请中通常会对工艺进行记载，在优化和改善技术上的贡献较小。

4.2.5　重要创新主体的技术发展分析

从图 4－2－7 可以看出，硅烷浸渍防水材料在全球的相关专利申请量排名前十的申请人中，中国申请人居多，为青岛理工大学、徐州工程学院、中建西部建设股份有限公司、东南大学和卡本复合材料（天津）有限公司，其中高校类申请人较为活跃。国外申请人排名比较靠前的为德国 DYNAMIT NOBEL AG 公司、日本 KANSAI PAINT CO LTD、德国 WACKER CHEMIE GMBH、韩国 KOREA HIGHWAY AIRPORT TECHNLOGY 公司和日本 KAJIMA CORP，但专利申请所涉及的硅烷防水材料多为成分传统简单的有机硅烷单体或聚硅氧烷，主要涉及材料的应用，并未对材料本身进行创新性的技术改进。根据专利申请量、专利价值和专利申请法律状态进行评估筛选，以下将对青岛理工大学和中建西部建设股份有限公司的重点专利申请进行梳理和介绍。

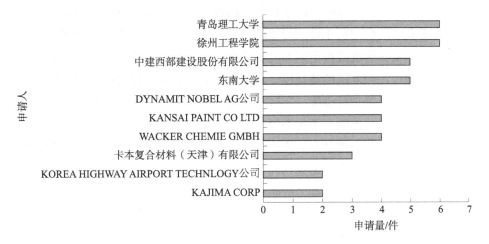

图 4 - 2 - 7　硅烷浸渍防水材料全球专利申请主要申请人

青岛理工大学的土木工程专业具有较高的学科声誉和影响力。2014 年的申请 CN104230376A 公开了一种有机硅乳液 – 硅溶胶防水材料及其制备方法，采用有机硅单体与硅溶胶进行复配并通过乳化形成有机硅乳液，制备的防水材料具有优异的防水、抗有害离子侵入能力和耐候性、耐久性，使混凝土表面强度提高，适用于混凝土、砂浆、水泥浆、石材等材料的表面防水处理，特别适用于恶劣环境中的混凝土结构。2020 年的申请 CN112745738A 公开了一种用于水利工程的劣化免疫仿生防护涂层，其在施涂防护涂层前对混凝土表面采用硅烷单体水解得到硅烷乳液，浸渍处理使混凝土与底漆间通过偶联剂化学相连，进一步提高了界面的黏聚力。2021 年的申请 CN114478064A 公开了一种混凝土养护剂，其采用含氢硅油和硅烷偶联剂作为疏水剂添加到硬化体系中，还添加了碱催化剂，不仅能催化硅烷偶联剂、含氢硅油和交联剂的反应，还能激发疏水剂与硬化剂之间的络合作用，从而增加疏水物质以化学键合的方式固定在混凝土表面。2022 年的申请 CN114956867A 公开了一种改性六方氮化硼 – 硅烷复合乳液，其由羟基化六方氮化硼与硅烷小分子结合并进行乳化合成，有效保留了硅烷单体的憎水效果以及在水泥基材料表面良好结合力的优点，同时具有优异化学稳定性的 h – BN 的掺入有效填充了涂层内部缺陷，使涂层内部产生迷宫效应以及阻隔效应，有效延长了腐蚀介质侵蚀路径，大幅度提升了复合涂层的抗渗透性能及耐腐蚀性能。

中建西部建设股份有限公司作为国家高新技术企业，自主研发的多项混凝土产品创造了世界纪录，并积极开拓海工、核电、机场跑道等专业领域，形成一批关键技术。2017 年的申请 CN108002863A 公开了一种对混凝土表面超疏水处理的方法，采用含烯键的有机硅烷单体引发共聚得到疏水性硅烷树脂，进而通过含氟硅烷进行共混改性进一步得到超疏水性树脂，由超疏水性树脂和微纳米粒子组成混凝土表面处理剂，通过硅烷和含氟基团的疏水作用和微纳米粒子构建的微纳结构显著提高了混凝土表面的超疏水性能。2019年的申请CN110818449A公开了一种具有光催化功能的混凝土硅烷浸渍乳液，在混凝土硅烷浸渍乳液的基础上引入了纳米二氧化钛作为乳液稳定剂和光催化剂，不仅提高了硅烷乳液的稳定性和黏度，降低了硅烷浸渍乳液的流挂性，还赋予了硅烷乳液光催化性功能，使得混凝土表面能够光催化处理污染物。2021年的申请CN113636860A公开了一种可喷涂型渗透成膜混凝土防冻剂，通过添加以异丁烯醇聚氧乙烯醚和三乙烷基铵甲酸盐为主要原料反应得到的烷基型防冻组分，可有效提升抗冻性能并有利于促进提高混凝土早期强度，使其能够迅速达到抗冻临界强度，同时具有良好的可喷涂性和渗透性能，不仅可以用于混凝土的防冻养护，还可进行补救性喷涂达到应急防冻效果。

可见，以上重点创新主体对于硅烷浸渍防水材料的研究，技术点不仅在于进一步提高其最基本的防水效果、与基材结合力等性能，还通过引入功能性的添加剂以赋予其耐腐蚀、光催化自清洁等更为丰富的功能。在我国大力推进绿色环保的发展战略，对新材料和智能材料的政策性鼓励逐渐提高的影响下，防水材料也在向绿色、节能、循环和智能化方向发展。

4.2.6 小　结

本节对硅烷浸渍剂进行分析，小结如下：

（1）中国硅烷浸渍剂技术相较于全球起步晚，但也逐渐形成本土专利布局体系。

（2）国外申请人以日本和韩国居多，其专利布局主要集中在硅烷体系选择。

（3）硅烷浸渍剂的改进方向有硅烷选择、添加助剂以及工艺改进，其中，对硅烷浸渍体系的选择是领域内的研究热点。

（4）目前硅烷浸渍剂研究方向从烷基硅烷向功能性硅烷转变，但对于功能性硅烷多为物理改性，化学改性少，存在专利技术空白。

（5）硅烷浸渍剂防水效果以及渗透能力好，但也存在裂缝和水压条件下使用效果不佳的问题，如何提高其稳定性和施工性能有可能是未来的研究方向。

（6）青岛理工大学和中建西部建设股份有限公司是硅烷浸渍剂的重要创新主体。

第5章 专利挖掘与布局

5.1 专利挖掘必要性

专利挖掘是有意识地对创新成果进行分析和甄选，从中发现可以用来申请专利的技术要点，使创新主体的科研成果形成专利申请，成为无形资产得到充分保护。

机场建设与维护涉及水泥、沥青、高分子等大宗工业材料的使用。战略性新兴产业驱使新材料、新技术不断迭代更新，高质量发展也带来了更多低碳发展要求。机场智慧道面建设迎来新机遇和新挑战，道面修复材料与防水材料需求巨大，市值广阔，以企业和高校为主体的创新单位参与众多。创新主体一方面需要了解竞争对手的专利布局和研发动向，从而规避侵权风险和低水平重复创新；另一方面需要对自身的创新成果进行科学合理的专利挖掘，通过形成专利保护从而与竞争对手形成抗衡，打开目标市场，保持竞争优势。

5.2 专利挖掘方向

本报告通过对创新主体的技术成果进行剖析，结合道面修复材料和道面防水材料的发展脉络、技术热点、重要创新主体的研发方向、潜在竞争对手的专利布局状况以及产业发展特点，分别从道面修复材料和道面防水材料两个方面多个技术分支给出专利挖掘的方向。

5.2.1 道面修复材料

道面修复材料主要分为自修复材料和人工修复材料，其中自修复材料主要包括微胶囊自修复材料、微生物自修复材料和形状记忆材料；人工修复材料主要包括化学修复材料、水泥基修复材料和沥青基修复材料。现分别针对上述技术分支进行技术挖掘。

5.2.1.1 微胶囊自修复材料

从现有研究来看，由不同方法制备出的多种微胶囊在形貌、热稳定性及增强自愈合性能方面取得了良好效果。然而目前设计的微胶囊自修复机制本质上仍然是被动释放和单次修复。裂缝扩展路径与微胶囊共面、偏置，沥青基体材料性质衰变及其与囊壁力学性能的不匹配，可能造成微胶囊破裂的不确定性。另外，未产生裂缝部位的微胶囊并未起到任何修复作用。这都是微胶囊修复机制仅被动释放带来的问题。并且，微胶囊在道路中只能对路面开裂起到一次修复作用，不能多次愈合，不利于其自修复作用持久发挥。因此，通过对微胶囊的耐久性不高、仅被动释放的技术问题进行收集、整理和分析，在此基础上进行针对性的改进，往往是专利挖掘的重要方向。

1）主被动释放结合

建议在沥青路面中研发复合自修复路面养护技术（电磁感应自修复、微波自修复等），使被微胶囊修复过的位置发生裂缝后能够再次进行不同方法的自修复，实现路面预养护阶段不同时间节点的按需修复，从而延长沥青路面的使用寿命。可以在芯材中引入具有吸波性能和磁热效应的纳米四氧化三铁颗粒，与囊芯修复剂共同作为复配成核剂，以高分子树脂作为壁材制备微胶囊，通过微波加热或电磁感应加热技术手段不仅可以主动对囊壁进行破坏，还能提升囊芯修复剂的温度和流动性，从而提升自修复效率，使微胶囊具备主动响应、控制释放的特性，改变以往单一被动释放的缺陷。目前，将自修复胶囊与电磁感应自修复、微波自修复相结合控制释放时机还存在技术空白，可作为未来挖掘重点方向。

2）提升自修复微胶囊的耐久性

当前设计的微胶囊在沥青道路中只能对路面开裂起到一次修复作用，不能多次愈合，不利于其自修复作用持久发挥。微胶囊自修复应在道路整个预养护周期内均有效，因此建议对微胶囊的耐久性、多次缓释技术展开进一步的研究。可以采用双囊壁和双囊芯结构，在微裂缝损伤发生后，外部大微胶囊首先破裂并释放沥青再生剂，实现了老化沥青的原位再生及裂缝的自修复，改善沥青混合料力学性能和耐久性能，并且包裹在长效复合型微胶囊自修复剂中的内部小微胶囊延长了沥青混合料自修复的时效性，解决了传统微胶囊型自修复仅能实现一次破裂自修复的局限。因此，采用双囊壁双囊芯结构的微胶囊提升智能路面耐久性的方向可作为未来的挖掘方向之一。

5.2.1.2 微生物自修复材料

微生物诱导矿化防护修复水泥基材料是一种具有创新意义且生态环保的技术，能够有效提高混凝土结构耐久性、力学性能和抗水渗透性。然而，目前混凝土微生物自修复材料的菌种和载体还有待进一步优化。探究新型菌种的耐碱性、矿化能力、反应速率和效率，以及载体的力学性能和与基材的兼容性，为未来的发展热点。结合技术发展状态和专利布局情况，根据微生物种类和载体方向提出下述专利布局方向。

1）微生物种类

目前，常用的菌种为脲酶菌。传统的脲酶菌具有高效的水解尿素能力，可快速诱导矿化沉积。通过人为调控矿化环境，并采用优化的覆膜工艺，修复效果十分显著。但脲酶菌水解尿素会产生 NH_3，这种气体的产生会影响大气环境，因此限制了此技术在城市环境中的应用。目前，新型菌种碳酸酐酶具有促进 CO_2 可逆水合反应的特性，由此开发出一种新型的缺陷及裂缝防护修复技术。此技术不产生任何有害物质，且吸收大气中温室气体 CO_2。但碳酸酐酶细菌酶化反应速率远不及脲酶菌，还存在较多技术空白。如何提高碳酸酐酶细菌反应速率和效率也将是一条可以继续深入的道路。

2）载体的优化和改进

为了改善微生物在混凝土基质中较为恶劣的存活环境，除选择较为优质的菌种外，较为合适的微生物载体亦是一个提高微生物存活率的方式。目前采用核壳结构，以无机低碱性胶凝材料作为外层球壳保护材料的新型载体，能够为微生物在混凝土内部高碱性条件下提供长效保护，保证修复材料长期活性，并且该载体与混凝土的兼容性优异。然而混凝土基体一般使用硅酸盐水泥，其水化后会生成大量的碱性物质。碱性物质向颗粒内部渗透打破载体中的酸碱环境，还存在较多技术问题。因此通过对载体组分的选择和结构的调整，提高微生物的长期环境稳定性、载体的力学性能、载体与混凝土基质兼容性，实现智能化自修复效果，仍为专利挖掘方向之一。

5.2.1.3　形状记忆材料

形状记忆材料是一种新型智能材料。当混凝土产生裂缝时，对形状记忆材料进行外部刺激后，形状记忆材料将产生较大的回复力，促使裂缝闭合，从而迫使裂缝进行闭合，减少裂缝尖端的应力集中效应，避免裂缝的继续发展。然而目前针对记忆合金材料与其他自修复剂复合的技术手段较少。因此，通过对自修复材料复合的技术问题进行收集、整理和分析，在此基础上进行针对性的改进，往往是专利挖掘的重要方向，例如形状记忆合金与自修复微胶囊复合。自修复微胶囊修复效率高，然而裂缝过宽时，需要大量修复载体。形状记忆合金能够愈合过宽裂缝，然而对细微裂缝的修复效果较差。因此将形状记忆合金材料与微胶囊相结合，共同应用于混凝土材料的裂缝修复成为未来值得挖掘的专利方向。

5.2.1.4　化学修复材料

1）高分子材料的化学改性

对于化学修复材料中的主体材料，不同种类的高分子具有不同的优缺点。通过选择合适的方法对高分子进行改性可有效扬长避短。而化学改性相对于物理共混改性，材料具有更好的相容性和稳定性，可以更好地提高修复材料的路用性能。根据相关专利分析可知，目前针对道面修复材料中的高分子进行化学改性的相关专利申请还相对较少，存在一定的技术空白，而结合当下其他交叉领域中高分子材料的改性是热门研究方向。建议可针对道面修复材料中高分子的化学改性进行重点研究和专利布局。

对于高分子改性的化学改性，可重点关注以下三个方面：①官能化改性：向高分子中引入具有特殊功能的化学基团，可通过表面修饰或共聚改性等方法实现，如引入含氟等疏水基团以提高疏水性能等，引入含不饱和键基团以供进一步引发交联从而提高交联密度等；②聚合物改性：通过接枝、嵌段共聚、交联等化学键合方法引入其他聚合物链段；③引入动态共价键：在高分子材料中引入二硫键、二硒键、亚胺键、硼酸酯键等动态共价键，这些动态共价键在一定条件下可以可逆地断裂或形成，从而实现材料受损后的本征型自修复效果。

可以看出，通过在主体高分子中引入具有特殊性能的官能基团、聚合物链段以及可以可逆断裂或形成的动态共价键，可以提高道面化学修复材料的疏水、耐候、耐腐蚀、耐久、自修复等综合性能，有利于实现材料的智能化和可持续发展。

2）添加功能性新材料

添加功能性新材料也是创新主体比较关注的技术手段。功能性新材料可以作为助剂或骨料，实现新功能的增效。建议可针对在道面修复材料中添加功能性新材料进行重点研究和专利布局。

对于功能性新材料，可重点关注以下三个方面：①纳米材料：纳米材料具有特殊的结构和高比表面积，具有界面效应、小尺寸效应、宏观量子隧道效应、介电限域效应，表现出比普通材料更强的力学、电学、光学和化学性能，在催化、光电、环境科学等领域具有广泛的应用潜力。如纳米二氧化硅、纳米二氧化钛、碳纳米管、石墨烯等均为在组合物体系中比较热门的材料，并且在相关的交叉领域中也形成了较为成熟的发展，可对其进行借鉴和应用研究。②传感材料：将物联网感知设施、通信系统等纳入公共基础设计统一规划建设，推进基础设施物联网应用和智能化改造成为新趋势。传感技术是推进物联网和智能建筑建设的关键，目前已有在建筑家居、道路交通等领域的相关研究，用于感知建筑环境温湿度、实时监测车流车速等，而路面随着破损或裂缝的产生，该位置的环境温湿度、光强、压力等也会发生一定的变化。将传感材料引入路面材料或路面修复材料后可根据传感信号及时修复，实现服役期内对性能与安全的智慧监测。重要的传感材料有半导体材料、石英晶体等晶体材料、光导纤维材料、陶瓷材料、有机高分子材料（包括有机半导体材料）等。③刺激响应性材料：在智能材料中，刺激响应性材料被广泛应用于可重构结构、智能监控等领域，其在刺激作用下发生响应性行为。如渗透速率、表面能、形状、相态等的变化，从而可以实现对性能和效果的调控。主要的刺激响应性材料有温敏性材料、光敏性材料、磁敏性材料、pH 敏感性材料。如将该类材料应用于道路修复材料，可用于对不易施工的破损位置和隐形裂缝的修复，在材料到达待修复位置后通过刺激响应形成材料的黏度、固化效果等的变化以达到修复效果，从而可实现对道面损害的防微杜渐和预防性养护。

在修复材料中添加功能性新材料是提高材料性能的比较高效的方法。随着新材料的不断发展，相关的研究空间和市场是非常广阔的，加之其他相关领域也已有比较成熟的高分子材料体系并且具有重要的借鉴意义，该方向的研究可以为材料带来更加智能化的特点，与本课题组目前研究的道路监测、预警、修复等方向深度结合，具有很强的可操作性和广泛的应用前景。

5.2.1.5　水泥基修复材料

我国机场道面主要采用水泥混凝土形式，对机场道面进行快速修复最常用的材料之一则是水泥基修复材料。水泥基修复材料主要由胶凝材料、掺合料、骨料、外加剂和水组成，也可以由胶凝材料、掺合料、骨料和外加剂进行干拌制备干混料，施工时按使用说明现场加水搅拌即可。为满足机场道面快速修复，水泥基修复材料需要有满足拌和浇筑的开放时间，满足快速施工的流动性与和易性，满足开放交通的凝结时间和早期强度，满足修复效果的结合力、耐久性、耐磨性，以及满足特定环境下的特殊性能，例如寒冷地区和炎热地区的施工性能和力学性能。结合技术发展状态和专利布局情况，根据水泥基修复材料原料组成提出下述专利布局方向。

1）胶凝材料

胶凝材料提供了水泥基修复材料的主要力学性能来源，其主要影响的性能包括凝结时间、早期后期强度、耐久性等。为实现速凝早强效果，并保证后期强度，可针对硅酸盐 + 快硬水泥、磷酸盐进行专利挖掘。若单独采用快硬水泥，则可以针对高贝利特硫铝酸盐水泥进行挖掘，或联合北京工业大学、武汉理工大学、唐山北极熊建材有限公司、嘉华特种水泥股份有限公司进行技术开发，调整熟料矿物组成，制备适用于机场道面修复的特种水泥，填充《战略性新兴产业分类》中特种工程专用水泥的空白。此外，铁铝酸盐水泥专利布局较少，但其由于高 C4AF 含量生成水化产物耐磨性好，也可对其进行专项研究与专利挖掘，抢占专利空白先机。

2）掺合料

特种掺合料由于功能可设计技术含量高、配方相对保密、附加值高、利润可观，备受研发青睐。大多掺合料来自工业废弃物，对其进行高温、酸碱、研磨、复配等改性可在不损失修复材料力学性能基础上替代部分胶凝材料，并提高浆料和易性和硬化体早期后期力学性能和耐久性，助力我国"双碳"事业，变废为宝。

3）骨料

骨料的存在可提高硬化体密实度，降低材料收缩。现有技术一般采用集配河砂、石英砂作为骨料。部分现有技术利用钢渣耐磨特性提高修复道面的耐磨效果，例如武汉理工大学的相关技术。在骨料研发方面，采用工业固废、机制砂、再生骨料制备水泥基修复材料的研究较少，尤其是通过就地取材、对机场废旧道面再利用的研究甚少，尚待技术挖掘。发明人可以进行技术研究，同样可以对骨料的再生设备、处理工艺进行专利挖掘，形成产业链条。

4）外加剂

外加剂种类众多，虽然用量少，但却是水泥基修复材料中配方设计的灵魂。现有技术较为成熟的外加剂是聚合物、减水剂、早强剂、纤维、调凝剂。聚合物可分为胶粉和乳液，主要作用是提高修复材料力学性能和韧性，可提高与修复界面粘合力。减水剂主要作用是降低用水量，提高浆料流动性。早强剂主要作用是提高修复材料早期强度。纤维主要作用是提高抗折强度和断裂韧性。调凝剂主要作用是调节凝结时间，满足施工需要。近年来，聚羧酸系高聚物受到工程界广泛关注，由于其可以接枝聚合各类功能单体，可针对不同材料、不同性能进行针对性结构设计，从而改善水泥基材料的流动性、和易性、早期后期强度和耐久性，并且聚合物改性水泥基修复材料一直是研究的重点，因此，针对修复材料用不同种胶凝材料针对性设计开发聚羧酸系高聚物和聚合物，并与其他种类外加剂进行复配，制备满足机场道面修复的专用外加剂，同样具有巨大的市场潜力。此外，我国幅员辽阔，东西南北各地气候各异，针对不同气候、气温，结合当地原料品性，制作满足超低温、高温条件下的适配型外加剂，同样具有广阔市场前景。

5）新产品

针对机场道面修复的快凝早强、高强高韧性能需要，对新产品进行专利挖掘，同样可实现技术领先与专利占先。

高延性水泥基材料是 20 世纪 90 年代发明的新型水泥基材料，其通过对纤维、基体与纤维/基体界面进行微观力学和断裂力学设计与优化，得到的材料与普通混凝土或纤维混凝土具有完全不同的性能。高延性水泥基材料具有超高的变形能力以及类似于金属材料的应变硬化行为。经过材料优化与配合比设计，其最大拉伸应变可以达到 3%—8%，是其他混凝土材料的 300—800 倍。其抗压强度可以达到 60MPa 以上，弯曲强度可以达到 12—18MPa，是普通混凝土的 3—5 倍左右。其可大大增加机场道面的受弯承载能力，比原水泥基路面黏结性能高，并且，高延性水泥基材料开裂后的裂缝宽度能够控制在 60μm 左右，该细微裂缝具有一定自愈合能力，可有效防止裂缝继续劣化，防水抗渗效果同样优秀，因此可避免机场道面的反复修补。并且该领域专利布局甚少。对机场道面用高延性水泥基材料进行技术挖掘，具有广阔前景。

活性粉末混凝土是一种具有高强度、高耐久性、高韧性、高环保性能的混凝土，由水泥、超细活性粉末、优质细骨料、高强度纤维等组分经优化级配设计制备而成，抗压强度可高于 100MPa，抗折强度可高于 10MPa，常用于桥梁、高层建筑、机场路面、预制构件等工程领域，却少见于用作路面修复材料。其高强度纤维常采用钢纤维。钢纤维不易分散，且裸露的钢纤维有可能对机轮形成损伤，制约了其在机场道面修复中的应用。因此，采用其他品种增强纤维，例如玄武岩纤维等制备活性粉末混凝土有待专利挖掘，从而打破活性粉末混凝土在机场道面修复时的使用局限性。

5.2.1.6 沥青基修复材料

随着"白改黑"工程的推进，沥青机场道面的数量快速增长，但与此同时，沥青机场道面的病害也逐渐显现，尤其是裂缝和车辙，而在道面病害修复中，政策导向逐渐由事后修复转向预防性养护（封层、微表处等）。对沥青基修复材料的改进方向一般可以是改性沥青，掺入功能性物质，或者调整集料配比。为满足机场道面修复性能要求，减少日后维护成本，沥青基修复材料需要具有一定的抗裂以及抗车辙性能。结合技术发展状态以及专利布局情况，根据沥青基修复材料的改进方向，从抗裂以及抗车辙两方面为切入点，提出下述专利布局方向。

1）对沥青进行改性

沥青基修复材料的高低温稳定性和抗裂、抗车辙性能主要取决于改性沥青，而对于裂缝修复与防治，为了降低沥青基修复材料后续养护成本，可以考虑在传统沥青的橡胶/热塑性树脂改性的基础上，在沥青基修复材料中混入微波、磁、热等响应官能团，比如动态可逆键、磁吸波材料，以使得后期采用加热、辐照等手段进行直接再生修复具有可行性，响应《绿色交通"十四五"发展规划》。对于车辙的修复与防治，近些年来环氧沥青的出现赋予了沥青基修复材料以一定的热固性能，使得沥青基修复材料的强度、高温稳定性以及抗车辙性大幅提升。目前环氧沥青主要用于桥面铺装，在机场道面使用较少。为保证机场沥青道面抗车辙性能，可以针对环氧沥青进行专利挖掘，或联合东南大学黄卫教授团队进行技术开发，制备适用于机场道面的环氧沥青材料。与此同时，环氧沥青作为嵌缝料使用同样展现出了优异的黏结性能，因此，也可进行环氧沥青在裂缝修复方向的研究与专利挖掘，通过调控改性沥青中塑性官能团或链段的比例，调控沥青基修复材料在车辙和抗裂属性之间的平衡。针对环氧沥青在实际工程应用中成本较高这一问题，可以尝试在沥青改性时调整环氧基团在改性剂中的占比，或者联合国路高科（北京）工程技术研究院有限公司制备潜伏型环氧固化剂，降低环氧树脂存储成本，以使施工便捷。

2）加入功能性物质

在沥青基修复材料中加入功能性物质能够提升路用材料的优异性能。掺入材料工艺简单，成本也相对较低，比如添加纳米材料、纤维材料提升沥青修复材料的抗裂性能，因此，可以针对添加纤维的品种进行开发，比如添加纳米纤维等；还可加入抗车辙剂提升抗车辙性能，但目前对于抗车辙剂的定向研发较少，尤其是通过改变抗车辙剂的微观结构调整其易离析的技术问题，发明人可以对此进行技术研究。

3）调整集料配比

通过调整集料配比能够满足机场道面结构所要求的强度以及承载力。发明人可以针对不同改性沥青品种以及路面病害要求，针对性设计不同的集料类型以及配比，形成沥青基修复材料整体的修复体系。

5.2.2 道面防水材料

道面防水材料主要产品有水泥基渗透结晶防水材料和硅烷浸渍剂，技术门槛相对较高。现分别针对上述技术分支进行技术挖掘。

5.2.2.1 水泥基渗透结晶防水材料

水泥基渗透结晶防水材料是一种用于水泥混凝土的刚性防水材料，其中的活性物质作用取决于渗透和结晶两个过程。其常用形式为粉状材料，使用时按配比加水拌合调制成浆料在水泥基材料表面进行涂刷，或者使用时直接掺加到混凝土中。由于该产品起源于国外，且目前配方仍处于保密状态，国内也对水泥基渗透结晶防水材料的核心料进行了研究探索，原料组成主要包括活性化学物质、络合促进剂、助剂，助剂如钙离子补偿剂、渗透剂等，并利用核心母料添加水泥和填料制备渗透结晶防水材料，关注的性能主要包括防水抗渗效果、力学增强效果、耐久性提高效果。整体而言，目前关于水泥基渗透结晶防水材料的研究并未形成明晰的体系，专利布局也处于零散状态，并未形成明确的主线。结合技术发展状态和专利布局情况，根据水泥基渗透结晶防水材料原料组成提出下述专利布局方向。

1）水泥

现有技术对水泥基渗透结晶防水材料用水泥研究甚少，一般采用普通硅酸盐水泥居多。不同种类水泥的熟料矿物不同，其水化过程中产生的钙离子、硅酸盐基团、铝酸盐基团的数量和品类各异，对水泥基渗透结晶防水材料的渗透与结晶性能影响大。对某些特殊水泥，例如地聚物、磷酸盐水泥、硫氧镁水泥等的研究更是凤毛麟角。因此，可对不同品种水泥进行系统研究，进行专利挖掘。

2）填料

填料包括活性填料与惰性填料，而水泥基渗透结晶防水材料一般采用石英砂作为填料。随着国家"双碳"目标的实施和环保压力的增大，将工业固废填料直接或经活化后用于水泥基渗透结晶防水材料也存在诸多技术空白。

3）活性化学物质

现有技术公开的活性化学物质种类较多，主要有硅酸盐、偏硅酸盐、氟硅酸盐、碳酸盐/碳酸氢盐、氟化物、纳米粒子、硫酸盐、熟料矿物、羟基羧酸盐，主要机理为发生缩聚或与 Ca^{2+} 进行结晶沉淀，在混凝土微裂纹中形成"化学枝蔓"从而堵塞渗水孔道，实现微裂纹堵塞修复，提高混凝土防水抗渗效果和耐久性效果。然而，对活性化学物质的种类和掺用比例以及配制出满足实际工程需求的水泥基渗透结晶防水材料的途径亟待整理与总结，对各活性化学物质的配伍效果和循环修复效果尚待进行技术挖掘。此外，通过化学合成法合成活性硅铝性活性物质，并可以接枝或螯合官能团从而赋予渗透结晶防水材料特殊功能，尚属于专利空白区。

4）络合促进剂

络合促进剂具有可以和 Ca^{2+} 发生络合作用形成短期可溶性络合物的物质，在渗透过程中遇到能与 Ca^{2+} 形成稳定不溶物的离子以便释放 Ca^{2+}，进而继续循环使沉淀－结晶反应持续进行。寻求具有高效络合和渗透效果的络合促进剂是该原料的挖掘方向。

5）助剂

水泥基渗透结晶防水材料助剂最常用的助剂包括钙离子补偿剂、渗透剂。钙离子补偿剂可提高渗入裂缝的 Ca^{2+} 浓度，促进化学枝蔓形成。渗透剂则降低表面张力，利于活性物质向裂缝深层进行渗透。对兼具络合、渗透、补充功效的有机/无机类助剂可进行专利挖掘。

6）新产品

现有技术表明，低水胶相较于混凝土存在未水化颗粒，其可对小于 $200\mu m$ 的微裂纹进行本征自修复，但修复时间较长，渗透结晶材料形成的化学枝蔓可填堵小于 $500\mu m$ 的微裂纹。然而，水泥基渗透结晶防水材料的修复能力提高可通过借鉴微胶囊、微生物等自修复材料来实现。因此，对具备自修复效果的渗透结晶防水材料进行研发，实现多学科、跨学科发展，是产品迭代的新路线。

5.2.2.2　硅烷浸渍剂

硅烷浸渍剂采用小分子硅烷对混凝土进行浸渍，提升混凝土的防水、耐腐以及使用寿命。国内对硅烷浸渍剂研发起步较晚。结合技术发展状态和专利布局情况，根据硅烷浸渍剂的技术演进趋势以及面临的技术问题提出下述专利布局方向。

1）对硅烷进行改性

硅烷浸渍材料由于优异的防水防腐性能而在混凝土领域有极大的应用前景，但目前领域内多采用烷基硅烷浸渍，或者混入功能性硅烷材料，将硅烷浸渍剂与其他物质联用提升浸渍效果，对于功能性硅烷材料的研究多局限于物理改性，化学改性方向研究相对较少，存在较多的技术空白。因此，可以将对功能性硅烷进行化学改性作为方向进行专利挖掘。

2）技术问题导向的技术改进

由于硅烷浸渍材料的防水性能与其浸渍深度有密切联系，且目前硅烷浸渍材料在外界存在水压以及混凝土材料本身存在裂缝的情况下浸渍效果不佳，因此，将此要求作为基准对硅烷浸渍材料进行改进，以施工工艺或者添加改性物质为主要技术手段，比如添加纳米粒子使得硅烷浸渍剂在浸渍同时能够封堵混凝土孔隙，以提升硅烷浸渍材料在上述情况下的使用寿命，是目前的专利挖掘方向。此外，针对硅烷浸渍材料的稳定性和施工性能等方面，相关的专利技术涉足较少，存在较多的技术空白。

5.3 专利布局

专利挖掘与专利布局作为知识产权管理的两个重要环节，两者既有区别，又有联系。专利挖掘为专利布局提供了基础。通过专利挖掘，可以将专利布局落到实处，真正形成支撑和促进创新主体发展、提高市场竞争力的专利保护网。而良好的专利布局，可以为专利挖掘指明方向，同时也可以减少侵权风险，最大限度地发挥专利武器在企业竞争中的作用。

专利布局主要是依据一定的技术保护和市场竞争需要而开展的，更多地瞄准未来市场中的技术控制力和竞争力，需要考虑产业、市场、技术、法律等诸多因素，并结合技术领域、专利申请地域、申请时间、申请类型和申请数量等进行综合考量。通常在一定的原则下采用不同的布局方法及策略进行规划。

5.3.1 布局原则

专利布局的根本目的是实现专利价值和利益最大化。根据本课题及创新主体的实际情况，本报告根据以下原则进行专利布局建议：

（1）有利于尽可能多地根据挖掘出的发明点进行专利申请，节省申请成本；

（2）有利于构建合理、完整的专利保护网，围绕核心专利，既进行针对性的纵深布局，也考虑专利技术的相互关联性，将不同专利技术多角度地进行组合，同时考虑地域方面的侧重和时间上的延续性，对核心技术形成全面、长效的专利保护；

（3）有利于在保护自身的同时，阻击或削弱竞争对手的优势，抑制竞争者的发展或者转移竞争者的视线。

5.3.2　布局模式

根据所处行业的特点和技术特性以及企业自身特点的不同，专利布局也存在多种不同模式。具体到本课题，考虑到创新主体所关注的道面修复材料和道面防水材料相对来说技术发展逐渐成熟，且有部分核心产品已经存在有效专利权，据此，本报告主要通过深层次的专利挖掘获得尽可能多的可专利技术方案，即路障型布局，同时对潜在侵权风险较高的专利技术进行规避设计和围堵，即回避式和包绕式布局。

5.3.3　布局建议

本报告中的专利申请布局以核心技术为重点构成雷区或路障，其优点是申请与维护成本较低，但是，却给竞争者绕过己方所设置的障碍留下了一定的空间，使竞争者有机会通过规避设计突破障碍，而且在己方专利的启发下，竞争者研发成本较低。

因此，建议在有条件的情况下，对核心发明点及其外围发明点进行更加深入的研发，找出解决相应技术问题的替代解决方案，从而构成更加密实的专利壁垒，以避免竞争对手通过规避设计绕开专利权保护范围，如表5-3-1所示。

表5-3-1　专利布局建议

挖掘方向	技术分支	挖掘点	技术要点
修复材料	水泥基修复材料	胶凝材料	为实现速凝早强效果，并保证后期强度，可针对硅酸盐＋快硬水泥、磷酸盐进行专利布局；若单独采用快硬水泥，可以针对高贝利特硫铝酸盐水泥进行布局，或适用于机场道面修复的特种水泥、高耐磨性铁铝酸盐水泥
		掺合料	对工业废弃物进行高温、酸碱、研磨、复配等改性
		骨料	采用工业固废、机制砂、再生骨料制备水泥基修复材料，就地取材；骨料的再生设备、处理工艺

续表

挖掘方向	技术分支	挖掘点	技术要点
修复材料	水泥基修复材料	外加剂	针对修复材料用不同种胶凝材料针对性设计开发聚羧酸系高聚物和聚合物，并与其他种类外加剂进行复配，制备满足机场道面修复的专用外加剂，针对不同气候、气温，结合当地原料品性，对于满足超低温、高温条件下的适配型外加剂具有广阔市场前景
		新材料	高延性水泥基材料、活性粉末混凝土
	微胶囊自修复材料	主被动释放结合	将自修复胶囊与电磁感应自修复、微波自修复相结合控制释放时机还存在技术空白，可作为未来挖掘重点方向
		提升耐久性	采用双囊壁双囊芯结构的微胶囊缓释自修复剂，可提升智能路面耐久性
	微生物自修复材料	微生物种类	探究新型微生物（碳酸酐酶细菌）反应速率和效率
		载体的优化和改进	通过对载体组分的选择和结构的调整，提高微生物的长期环境稳定性、载体的力学性能，和载体与混凝土基质兼容性
	形状记忆材料	形状记忆合金与自修复微胶囊复合	将形状记忆合金材料与微胶囊相结合共同应用于混凝土材料的裂缝修复中，提升智能路面的自修复性能
	化学修复材料	高分子材料的化学改性	可以官能化改性、聚合物改性、引入动态共价键对高分子进行改性
		添加功能性新材料作为助剂或骨料	可重点关注纳米材料、传感材料、刺激响应性材料，可以为材料带来更加智能化的特点，与本报告目前研究的道路监测、预警、修复等方向深度结合
	沥青基修复材料	沥青改性	可在传统沥青橡胶/热塑性树脂改性的基础上，引入微波、磁、热等响应性官能团，便于后期采用加热、辐照手段直接进行再生修复；此外，环氧沥青由于其优异的路用性能而逐步转向机场道面的应用，可以对其进行进一步开发和挖掘

挖掘方向	技术分支	挖掘点	技术要点
修复材料	沥青基修复材料	添加剂	可以添加纤维材料提升修复材料的抗裂性能，对抗车辙剂微观结构的改进解决其易离析的问题是发展方向
		调整集料配比	可针对不同的病害要求，针对性设计不同的集料类型以及配比，完善沥青基修复材料体系
	水泥基渗透结晶防水材料	水泥	对不同品种水泥进行系统研究，例如地聚物、磷酸盐水泥、硫氧镁水泥等
		填料	将工业固废填料直接或经活化后使用
		活性化学物质	各活性化学物质的配伍效果和循环修复，通过化学合成法同样可以合成活性硅铝性活性物质，并可以接枝或螯合官能团从而赋予渗透结晶防水材料以特殊功能
		络合促进剂	寻求具有高效络合和渗透效果的络合促进剂
		助剂	兼具络合、渗透、补充功效的有机/无机类助剂
		新产品	具备自修复效果的渗透结晶防水材料
	硅烷浸渍剂	硅烷改性	可考虑对功能性硅烷材料进行化学改性
		添加纳米粒子	可以考虑将硅烷浸渍单体与纳米粒子进行复合，使得硅烷浸渍材料在浸渍过程中具有封堵效果

第6章 总 结

随着民航运输业的快速发展与机场基础设施智能化升级需求的提升，机场智慧道面材料的研究与应用已成为提升道面耐久性、安全性和运维效率的关键方向。本报告通过系统性专利分析与技术梳理，围绕机场道面修复与道面防水两大核心领域，对微胶囊自修复材料、微生物自修复材料、形状记忆材料、化学修复材料、水泥基修复材料、沥青基修复材料及水泥基渗透结晶防水材料、硅烷浸渍剂的技术发展现状、专利布局特征与未来趋势进行了技术发展方向探讨。

（1）在道面修复材料研究领域，化学修复材料的高分子改性与功能性助剂开发持续推进，环氧树脂、聚氨酯等材料的耐久性与施工便捷性显著提升；水泥基修复材料依托特种水泥与工业固废掺合料的应用，在快凝早强与低碳化方向取得进展，而高延性水泥基材料与活性粉末混凝土的创新为高强度修复、超薄耐久修复提供了新路径；沥青基修复材料通过环氧改性、纳米材料复合及智能响应设计，在抗车辙与裂缝自愈领域展现出广阔前景。值得关注的是，微胶囊自修复技术通过囊芯与囊壁的协同设计，可实现裂缝的被动修复，但其单次释放机制与长期耐久性仍需值得进一步研究。微生物自修复材料凭借低碳环保特性成为研究热点，但菌种耐碱性、载体与基体相容性等问题仍需突破。形状记忆材料在裂缝闭合监测方面具备独特优势，但技术成熟度较低，未来与传感技术的结合可能成为创新方向。

（2）道面防水材料是目前行业讨论的热点问题，其技术发展聚焦于性能提升与环境耐久性。水泥基渗透结晶防水材料通过活性物质复配与载体设计，提升了裂缝堵塞效率与长期稳定性，但核心配方仍受制于国外技术壁垒，国内需加强硅酸盐、纳米粒子等活性组分的协同机理研究。硅烷浸渍剂凭借小分子渗透特性成为主流防水技术，但功能性硅烷化学改性研究不足，未来可通过纳米材料复合与工艺创新增强其在复杂环境下的防护效果。

（3）专利布局分析表明，国内在道面修复材料领域的专利申请量占据主导地位，但核心技术创新主体仍以高校为主，企业研发参与度有待提升。技术空白多集中于材料的智能响应、长效耐久及环境友好性方向，例如微胶囊的主动控释、微生物载体的低碱兼容、环氧沥青的成本优化及硅烷浸渍的功能化改性等。此外，国际专利布局相对薄弱，需加强PCT申请以拓展技术影响力。

未来，机场智慧道面材料的研发应紧扣"双碳"目标与智能化趋势，推动多学科交叉融合。在材料设计上，需要注重主被动修复协同、功能复合化及全生命周期性能优化；在技术应用上，需结合物联网、传感技术、AI 辅助实现道面健康状态的实时监测与精准维护；在产业转化上，应深化产学研合作，加速实验室成果向工程实践的过渡，同时构建覆盖核心技术、工艺设备及标准体系的专利保护网络，为我国机场基础设施的智慧化与可持续发展提供坚实支撑。